SHIJIE DINGJI SIWEI

世界顶级思维

付 国　张静波◎编著

中国社会出版社
国家一级出版社·全国百佳图书出版单位

图书在版编目（CIP）数据

世界顶级思维／付国，张静波编著．--北京：中国社会出版社，2021.4

ISBN 978－7－5087－6515－0

Ⅰ.①世…　Ⅱ.①付…②张…　Ⅲ.①思维方法－通俗读物　Ⅳ.①B80－49

中国版本图书馆 CIP 数据核字（2021）第 050075 号

书　　名： 世界顶级思维
编　　著： 付　国　张静波

出 版 人： 浦善新
终 审 人： 王　前
策划编辑： 杜　康
责任编辑： 刘云燕

出版发行： 中国社会出版社　　**邮政编码：** 100032
通联方式： 北京市西城区二龙路甲 33 号
电　　话： 编辑部：（010）58124846
邮购部：（010）58124848
销售部：（010）58124845
传　真：（010）58124856
网　　址： www.shcbs.com.cn
shcbs.mca.gov.cn
经　　销： 全国各地新华书店

中国社会出版社天猫旗舰店

印刷装订： 中国电影出版社印刷厂
开　　本： 170mm×240mm　1/16
印　　张： 15
字　　数： 240 千字
版　　次： 2021 年 4 月第 1 版
印　　次： 2021 年 4 月第 1 次印刷
定　　价： 38.00 元

中国社会出版社微信公众号

序　言

成长是每个人最基本的欲求。

马斯洛需求理论的最高层次需求是自我实现，而自我实现正是在不断成长和不断突破中达成的。那些能够给你带来成就感、满足感和进步感的东西，都是成长带来的馈赠。

真正的成长，不只是身体、学识、阅历上的成长，更多还是思维模式上的成长。

丹·苏利文和凯瑟琳·野村在《终身学习》中明确写道："决定成败的不是你的能力，而是你的思维模式。改变思维模式最好的时间是十年前，其次是现在。"

当今社会可谓瞬息万变，在残酷的竞争与挑战中蕴藏着各种机遇，在纷繁复杂的变化和不确定性面前，有人惶恐不安，有人却破浪前行，其区别就在于他们拥有不同的思维模式。

思维模式是指我们如何看待和理解周遭的世界，如何面对和解决遇到的问题。思维模式也是我们行为的"指挥官"，现代社会大多数的较量，归根结底是思维模式的较量。

我们也可以毫不夸张地说：一个人拥有怎样的思维模式，就拥有怎样的人生！

不过，绝大多数人都没有意识到，自己走入人生困局的背后，其实是大脑中隐藏着一堵堵思维的墙——墙内是安全感营造的舒适区，墙外是不确定性带来的恐惧、不安和茫然无措。如果不懂得改变自己的思维模式，就永远无法拆掉思维里的墙，永远无法获得突破与提升。

值得庆幸的是，思维模式不像出身、智商一样难以改变，它可以通过学习和锻炼得到改善及提升。你想知道那些站在金字塔顶端的人是怎样思考的吗？你想了解那些推动科技发展、维持世界政治和经济平衡的顶级思维模式吗？

本书将带你走进科学家、艺术家、政治家、企业家、经济学家、心理学家的思维空间；将带你学习哈佛大学、牛津大学、剑桥大学、斯坦福大学、沃顿商学院所推崇的思维模式。

当你拥有了世界顶级的思维模式之后，你会发现不一样的世界，以及不一样的自己！

爱因斯坦说："人们解决世界上的问题，靠的是大脑的思维和智慧。"

通过阅读本书，你的思维模式将被重置，当你的行为和思维以成长为导向时，你便会体验到它是如何影响你的人生的。这时你一定会发现，思维上的成长才能让人变得坚不可摧。

目录
Contents

第一章

创造性思维：像艺术家一样思考

拆掉思维里的墙

思维导读：

思维是最为奇妙的东西，它能够控制人的行为，让人们以开阔的眼界去看待世界；思维也会限制人的行为，让人们钻进死胡同里无法转身。

每个人都生活在充满“规则”的社会里。有的规则是我们必须遵守的，比如法律、道德的约束，交通法则、商业法规和企业制度等。有的规则却不一定非要遵守，它们可能出于人类的约定俗成，也可能是权力者预先的设计，因此显得并不公平、并不合理。

这些规则就像思维里的墙，限制着我们的行为与思想，让我们不敢越过“警戒线”，不敢“胡思乱想”，不敢有超越“常规”的行为和想法。久而久之，我们看待事物的方式、思考问题的方式，就会形成固定的模式，心理学家称之为“思维定式”。

哲学家在讲解“思维定式”时举了这样一个例子：

如果有一只鸡被单独豢养，从小都有人专门给它喂食，那么这只鸡就会坚信人类都是仁慈的。在这只鸡的一生中，从来没曾出现征兆，让它预知有朝一日会遭到宰杀。

鸡是这样陷入思维定式中的，人不也是这样吗？

那些重大的灾难都是在人们最措手不及的情况下发生的，因为根本没有意识到，或者在认知里根本就不会发生。正因为如此，罗素才会提醒我们：“应该时不时地质疑自己以为理所当然的事情！”我们所信奉的经验，有时候也会让我们走入歧途。

思维是最为奇妙的东西，它能够控制人的行为，让人们以开阔的眼界去看待世界；思维也会限制人的行为，让人们钻进死胡同里无法转身。

一个人拥有某些思维定式也是正常的，这几乎是人人都会犯的“通病”。可是过于单一或者教条的思维定式，却会让自己陷入不自觉的僵局之中。如果思维的圈子太窄、太固化，就很容易出现一条道跑到黑的情况。

事实上，少一些思维定式，你就会多一些选择；将思维放开阔一些，就有回旋的余地。

人的思维定式是如何形成的呢？

首先是我们对于自然世界的直接体验，其次是我们从他人身上获得的间接体验，最后是大脑推论和归纳所得到的最终结论。总之，我们的大脑会按照自己的经验和记忆，去处理我们所看到的事物，并且构建一个思维里的世界模型。

在这个过程中，如果有错误的认知进入思维定式中，就会让思维中的墙越来越厚。

所以，无论何时，思维定式都只会让我们看到真实世界中自己想看到的一部分，而在其他人眼中可能完全不同。那么，我们应该如何拆掉思维里的墙，最终实现自我突破呢？

第一，提升内心的安全感。很多人并不是没有改变现状、突破自我的能力，而是害怕改变、突破带来的不安全感。当你尝试着直面恐惧，走出自己的舒适区，去做那些一直不敢去做的事情时，内心的安全感便会不断提升，思维里的墙也会一点点倾倒。

第二，不要把自己当成“受害者”。很多人习惯性地把自己想象成“受害者”，总喜欢用“自利性归因”给自己的胆怯、退缩和不作为找到恰当的理由，哪怕自己便秘了，也要怪地球引力不够。如果能够走出“受害者”思维定式，便能从自己的情绪中走出来，突破自己的局限，拆掉思维里的墙，从固定思维走向成长性思维。

第三，马上行动起来。如果我们能够马上行动起来，拆掉思维里的墙，短暂地离开自己的舒适区，去进行一次小小的冒险，比如：给自己安排一次短途旅行，和许久未见的老友联系，给向往已久的单位打去求职电话，等等。只要勇于行动，敢于尝试，一切就有可能。

很多时候并不是我们没有能力突破思维定式，而是我们习惯于自我设限，自愿待在那些陈旧观念、僵化思维以及未知的恐惧之中。它们就像屹立在我们大脑中的一堵堵无形的墙，如果我们无法拆掉它们，一生都将安于现状，落于平庸；相反，拆掉思维里的墙，我们将突破自我，打开创造性思维，看到全新的世界，从新的起点迈向新的高峰。

换个角度看问题：逆向思维

思维导读：

当我们遇到一些难以解决的问题时，不妨换个角度看问题，通过逆向思维来寻求解决方法，因为任何一个问题都是“横看成岭侧成峰，远近高低各不同”。

人的思维也是有方向性的，通常分为正向思维和逆向思维两种。

正向思维是人们最常用的思维，即在创造性思维活动中，沿袭某些常规去分析问题，按照自己常用的思维方式和事物发展的一般进程去思考和推测，利用“已知”来揭示事物本质的思维方法。

逆向思维则恰恰相反，它是一种“反其道而思”的思维方法，即从问题的相反面进行思考，朝思维的对立面发展，最终达到“出奇制胜”的效果。

通常情况下，人们习惯于正向思考，也就是沿着事物发展的正方向去思考问题，然而对于某些特定的问题，如果能够反向思考，通过逆向思维，往往能够让问题简单化。

当我们遇到一些复杂的问题，百思不得其解之后，就要学会远离那些蒙蔽双眼的思维线索，从相反面去思考和解决问题，这时候也许会取得意想不到的效果，甚至让问题迎刃而解。

中国著名的速算专家史丰收，就是一位逆向思维的高手。他在上小学二年级的时候突然产生了一些疑问：为什么数学演算一定要从右到左、一定要从低位数开始呢？为什么书写和阅读都是从左到右，计算就不能从左到右、从高位数开始呢？通过这样的逆向思维以及不懈努力，他终于创造了蜚声中外的“史丰收速算法”。

当我们遇到一些难以解决的问题时，不妨换个角度看问题，通过逆向思维来寻求解决方法，因为任何一个问题都是“横看成岭侧成峰，远近高低各不同”。如果一个问题迟迟没有得到解决，很有可能就是我们看待问题的方式不正确。

在人的思维体系中，总是会由此及彼，即由一个事件推导到另外一个事件，然后再继续往下推。可是这样很容易因为某一个环节想不通，导致整个过程出现纰漏，无法形成完整的推导链。尤其是在解题时，受到思路的影响，很容易被某一个点卡住，得不到正确答案。

有一位美国留学生去非洲旅游，不料遇到草原大火。大火烧得很旺，很快就要烧到脚下了。正常情况下，人应该往没有火的地方逃，可是草原大火的燃烧速度极快，根本没有逃的可能。这时导游让大家带着干草，往大火的方向冲去。

大家都以为导游不要命了，哪有冲向大火的。可是奇迹发生了，导游用干草在脚下点起了火，迅速燃烧起来，形成了一道火墙。当大火扑过来时，火墙与大火撞到一起，并没有烧进来，而是绕着远去了。

导游正是通过逆向思维化解了危机。这是生活中的智慧，只有保持敏锐的观察力，才有可能产生不同于他人的想法。你需要清楚其他人会怎么做，结果会怎么样，再来决定你该怎么做，才能产生不一样的结果。

事情与事情之间往往是互为因果的，有些结果并不一样，很可能只是一个起因，再由此往下延伸，思考最本质的东西，反过来思考一样符合事件的发展规律。通过相互间的辩证关系，你能获得正反两种不同的答案。这就意味着你比别人看得更远，思考得更深。

逆向思维具有 3 个十分显著的特点：

一是突出的创新性。逆向思维通常是以反常规、反传统、反定式的方式提出问题、思考问题和解决问题，这一过程中的每个环节都具有突出的创新性，会给人耳目一新的感觉。

二是反常的发明性。逆向思维以“反常”的方式去发现、思考和解决问题，具有反常的发明性，尤其是在一些高难度的发明创造活动中，逆向思维比正向思维更能打开突破口。

三是一定的批判性。正向思维具有常规、常识、公认和习惯性特征，逆向思维则是对传统、常规和习惯性的挑战与“批判”，它能够有效破除由经验和习惯形成的思维定式。

在日常思维活动中，正向思维是我们习惯性的思维方式，同时也是最简单、最便捷的思维方式，因此我们没有必要，也不会在遇到任何一个问题时直接使用逆向思维。只有当我们陷入思维困境，利用正向思维不容易找到正确答案的时候，逆向思维才会“挺身而出”，打破常规思维的局限，最终找到创造性的解决方案。

我们在进行逆向思维时，还必须注意以下两个问题：

一是逆向思维并不是表面上的逆向。不是刻意叫板，别人说东自己偏要说西，而是深刻地认识事物的本质，真正作出科学独到、让人耳目一新的思考，其效果必优于正向思考。

二是正向思维和逆向思维本身就是对立统一的。两者具有密切的辩证关系，因此逆向思维应该以正向思维为参照、为坐标，进行思考与分析，这样才能显示其突破性与创造性。

总之，反向思维本身就是一种打破常规思维的创造性思维活动。

让思维发散化：发散思维

思维导读：

大多人都有思维上的惰性，如果不愿让思维发散，只想待在自己的舒适区里，将很难实现思维上的突破与创新，更难获得创造力。

如果人的思维有形状，那它是什么样子呢？是一个点、一条线、一个平面，还是球体、雾状抑或像光一样四处散开？我们思考这个问题的过程，其实就是思维发散的过程。

美国心理学家吉尔福特曾说：“创造性思维就是发散性思维。”

很多伟大的科学家、思想家和艺术家，穷极一生都在寻找突破思维局限的方法，而发散思维最终帮助他们找到了一条捷径——发散思维所带来的创造力，让科技有了飞越式进步，让思想得到了快速提升，让艺术创作更具有感染力。

如果缺少发散思维，人类的生产、生活、艺术创作都将缺少创造力。

每个人在思考、解决问题时都或多或少会受到思维定式的影响，那些已有的经验和认知既能够帮助我们快速思考、作出决策，同时也会引领我们陷入惯性思维的怪圈，让我们难以突破自我局限，难以找到新的解决方案。而发散思维能够打开思维的多个维度，让我们获得更广阔的“视野”，同一个问题将有更多的解决方案，同一个事物将有不同的解读……

举个简单的例子：一只杯子摔在地上，碎了，你会想到什么呢？

在物理学家眼中，这是物体的自由落体运动；在情感专家眼中，这可能是情侣分手的先兆；在历史学家眼中，这只杯子可能是一段历史的承载……

同一个事物，在不同背景下，在不同人眼中，会产生千差万别的解读。

正是因为每个人的思维都有局限性，所以才要培养自己的发散性思维，要学会从多个维度去思考和解决问题。

数学上要求绝对严谨，一是一，二是二，标准答案可能只有一个，但现实生活中，我们看待问题、解决问题的眼光却不能单一固化，而应该让思维发散，从不同维度去思考，最终打破原有的思维定式，找到新的方法、新的思路和新的思维方式。

一位心理学家走进一间大学教室，然后在黑板上画了一个圆圈，问在座的大学生："你们知道我画的是什么吗？"

大学生们几乎异口同声地回答："是一个圆。"

几天后，这位心理学家又来到幼儿园，问了小朋友同样的问题。

小朋友的回答却是五花八门，有的说那是"太阳"，有的说那是"皮球"，还有的说那是"镜子"……也许大学生的回答更符合心理学家所画的图形，可是小朋友的答案却充分说明了什么是发散思维。

同样的事物，在孩子、老人、男人、女人看来是完全不同的；而且在不同的孩子、不同的老人、不同的男人女人看来，也是不同的；在不同的职业、不同地域、不同阶层的人看来也是不同的。比如同样是一片树叶，在不同人眼里，它可能是绿色的，是椭圆的，是希望或者好心情……

在画家的眼里，一片树叶就是一幅美丽的画；

在音乐家看来，一片树叶就是一段动人的音符；

在生物或者植物学家看来，它又是植物肌理、叶绿素或者是生态环境；

在经济学家看来，它又是一种具有极大经济价值的新品种；

而在幻想家看来，它则可能是任何东西，甚至蕴含着一个世界……

我们也将发散思维想象成一棵大树，思维的本身可能什么也不是，仅仅拥有一种"迁移类比"的能力。假设有一件事情是"大树"的主干，那么它的叶子、枝丫、根茎都是思维迁移的结果。一个人"迁移类比"的能力越强大，"大树"的叶子、枝丫、根茎就越是茂盛。而"大树"的营养来源于人们生活中积累的见识与认知。

思维发散过程中，有 3 个最显著的特点：

一是具有流畅性。当问题出现时，能够在越短的时间内产生并表达出越多的思维观念，并且越快接受全新的思维观念，则说明思维的流畅性越高。

流畅性主要反映出发散思维的数量与速度特征，在商业化的头脑风暴中较为常见。

二是具有变通性。所谓变通，就是打破固有的思维定式，不墨守成规，不钻牛角尖，从全新的视角去看待问题，用全新的方法去解决问题。变通的过程需要触类旁通、横向类比和跨域转化，尽可能地展现思维的多面性和多样化特征。

三是具有独创性。这也是发散思维的“终极目标”，面对问题独具慧眼，能够找到异于常人甚至超越常人的解决方法，并且这一方法还具有新奇性。

如果缺少以上 3 个特点，则谈不上是发散思维。很多人在思考问题时，仍旧会受到自身的知识结构、获取材料的可靠性以及记忆力的牢固程度等因素的影响，作出自认为正确的决策，然而事实却完全不同，结果也无法让人满意。这时候就应该让思维发散，获取全新的创造力。

日本畅销书作家园善博曾说：“善于思维发散的人，在日常生活中就会无意识地进行着‘提升思维发散力的训练’，如此一来，瞬间给大脑增加了负荷，提高了大脑的灵活度，进一步提升发散力的良性循环便形成了。是否在潜意识中进行这样的训练，会使不同人的思维发散力产生巨大的差异。然而遗憾的是，绝大多数人根本不会想到去进行这样的训练，这样一来，‘头脑聪明程度’的差异也就越来越明显了。”

大多人都有思维上的惰性，如果不愿让思维发散，只想待在自己的舒适区里，将很难实现思维上的突破与创新，更难获得创造力。人类的生产、生活离不开发散思维，科研事业与艺术创作更离不开发散思维，唯有让思维发散，才能让创造力重生。

使用思维导图

思维导读：

思维导图能够让左右脑的机能得到充分运用，帮助我们找到逻辑与想象、科学与艺术之间的平衡点，并且激发大脑的无限潜能！

思维导图是最被我们所熟知的一种思维工具，它也是表达发散性思维最有效的图形思维工具。当我们需要做笔记或者进行头脑风暴的时候，思维导图远比概要列表或者无序列表简单实用。从思维导图诞生至今的几十年时间里，它改变了全球近 3 亿人的思维方式。

思维导图的创始人名叫托尼·博赞，由于他创建了思维寻图而被遴选为国际心理学家委员会的会员，同时他成为英国头脑基金会的总裁，并且创办了“世界记忆冠军协会”，专门为那些有学习障碍的人服务。

自从思维导图诞生之后，在商业、教育以及个人学习等领域得到了广泛的运用。它能够将我们的思维发散过程形象化地表达出来。

我们知道，大脑最自然的思考方式就是放射性思考，那些进入大脑的信息，包括文字、数字、味道、色彩、音符、感觉、意象等，都可以作为思考的中心点，由此中心点向外发散出成千上万的关节点，而每一个关节点又可以变成另一个中心点，再向外无限发散……

这些点就像我们大脑中的神经元一样相互连接，形成一个“有迹可循”的紧密关系网络。

思维导图的作用是通过图文并重的方式，从思考的中心点开始记录，将大脑发散的过程以图像和文字的方式记录下来，并且把各个中心点及关节点的隶属关系清晰地表现出来，从而帮助我们建立记忆连接。思维导图能够让左右脑的机能得到充分运用，帮助我们找到逻辑与想象、科学与艺术之间的平衡点，并且激发大脑的无限潜能！

由于思维导图侧重于“自由联想”和“图像记忆”，而不是“结构性思考”和“理解性记忆”，所以它更适用于抽象思维能力较差的学生——通过“图像记忆”能够让这类学生更好地记住知识点，可是却不能让学生对知识产生较深的理解，算是一种浅层学习法。

而且，“自由联想”对于思维没有太多限制，适合用在“头脑风暴”式的创意活动中，对于知识教学则显得过于散乱。不过，就个人而言，思维导图的运用范围还是十分广泛的。

一是用于记录笔记。传统的笔记需要记录大量文字或数据，内容烦琐复杂，不容易归纳重点，而用思维导图记录笔记，会将较大篇幅的内容进行拆分，让各部分从属关系一目了然，便于记忆。

二是用于制订计划。无论工作计划、学习计划、旅游计划，还是个人财务状况、情感状况等，都可以利用思维导图来制订和记录，让繁杂的日程变得更加清晰，让个人的财务及情感状况变得更加透明。

三是作为展示。思维导图可以简单明了地塑造个人知识体系，能够清晰地传达演讲者的思路，让接受者更理解演讲者所表达的观点。

最后需要注意，无论是采用手绘还是电脑软件来绘制思维导图，都应该确保它能够让你取得最简单实用的效果。

拙劣的艺术家模仿，伟大的艺术家“偷窃”

思维导读：

在引用、借鉴他人的观点时，一定要有创造性思维，要融入自己的思想观点，如此，我们也能成为伟大的思考者，在学习现有思想理论的基础上实现突破与创新。

毕加索说过一句名言：“拙劣的艺术家模仿，伟大的艺术家‘偷窃’。”

如果你认为毕加索是在教唆艺术家们去“偷窃”他人的灵感或者创意，恐怕就是对这位20世纪最伟大的绘画天才的莫大误会。

毕加索想要表达的意思是：拙劣的艺术家善于模仿，但始终摆脱不了模仿的痕迹，就算看上去“形似”，也仍旧缺乏精神上的内涵；而伟大的艺术家“偷窥”的是作品的内涵，然后作为原材料进行再创造，具有和谐统一的个人魅力。

古今中外许多伟大的艺术家，都曾有过模仿和借鉴的行为，不过他们并不是单纯地模仿和借鉴，而是潜心去研究前人的作品，用自己的思维去转化和再创造，这便是最好的“偷窃”。

中国古代著名书画理论家谢赫在《古画品录》中提出一个理论：就是将“传移模写”纳入中国绘画品评与创作的“六法”原则之中，简单来说就是临摹前人的佳作。

这也是中国古代画家的学画基础——首先研究前人的画作，通过临摹来学习前人的绘画技巧，随后再融入自己的风格。

可见，模仿一直是艺术大师们无法越过的“坎”，但只有拙劣的艺术家才一味地模仿，因循守旧，始终活在别人的艺术光芒之下，而伟大的艺术家懂得推陈出新，懂得“青出于蓝”，懂得将别人的东西转化为自己的东西，这也是创造性思维的最好体现！

伟大的艺术家梵·高也是一位“偷窃”高手，他曾经痴迷于日本画家歌川广重所画的《大桥暴雨》，并且模仿创作了一幅画作《雨中大桥》。梵·高的这幅作品不仅继承了《大桥暴雨》中的浮世绘风格，还加入了自己擅长的印象主义色彩，可谓别具一格，颇具创造性。

到了近现代，艺术家的“偷窃”行为变得更加“明目张胆”，有的甚至直接“挪用”前人的作品。这种“挪用”行为多出自后现代主义艺术家之手，他们巧妙地在一些优秀的艺术品或图像中采撷灵感，甚至直接搬运、复制、组合，使之成为极具个人色彩的艺术品。

在近现代艺术史中，被“挪用”频率最高的艺术作品，当属达·芬奇的《蒙娜丽莎》了。

比如达达主义的法国画家马塞尔·杜尚在一幅《蒙娜丽莎》印刷品上进行再创作，给微笑的蒙娜丽莎画上了山羊胡；再比如超现实主义画家萨尔瓦多·达利和超现实主义摄影家菲利普·哈尔斯曼一起，将蒙娜丽莎的眼睛换成了达利的眼睛，在蒙娜丽莎的下巴上加上了达利标志性的胡须，将蒙娜丽莎白皙的手掌变得青筋暴露，并且手中捧满了钱币……

这些艺术家的行为虽然显得荒诞而不可取，但却从另一层面说明了艺术家的“偷窃”行为也应该具有一定的创造性。正如美国萨姆休斯敦州立大学的恩里克·马隆博士所说：“‘模仿’就是别人怎么做你就怎么做。一个好的画家可以模仿，但这不是创新。‘偷窃’是指你拿走了某样东西并对它作出很大改动，由于创新是如此不露痕迹，改变如此之大，以至于它看起来完全是你自己的东西。‘偷窃’是说你拿走了某物并把它变成你自己的。”

如果说艺术家“偷窃”别人的东西来恰当地表达自己的内心感受，并且在艺术再创作中加入自己的思想与创意，那么他就是一位伟大的艺术家。

我们也应该像伟大的艺术家一样思考问题——在引用、借鉴他人的观点时，一定要有创造性思维，要融入自己的思想观点，如此，我们也能成为伟大的思考者，在学习现有思想理论的基础上实现突破与创新。

在艺术的世界里天马行空：想象思维

思维导读：

想象思维便是利用大脑中的表象进行加工操作的一种思维活动，它也是形象思维的具体化，是人类思维模式家庭中的“重要成员”。

英国作家萧伯纳曾说：“想象力是创造的开始。”

我们能够对自己的大脑进行“解剖”，就会发现人类的大脑是一个神奇的产物——它能够存储大量的记忆表象，还能够将这些表象进行新的加工、改造与重组，最后创造出全新的形象。这个思维过程就是想象。

记忆表象是想象思维的基础。所谓表象，是指大脑对于外界事物的存储信息，它不仅具有形象化特征，还有可能是静止或活动的，平面或立体的，有声或画面的。

它也是大脑中保存的对客观事物的印象。比如当你听到别人讲故事时，大脑中会不自觉地浮现出各种人物和情景的形象；和老朋友聊天时，总会想起以前在一起的时光，然后大脑中出现各种情景。这些情景都是记忆表象。

想象思维便是利用大脑中的表象进行加工操作的一种思维活动，它也是形象思维的具体化，是人类思维模式家庭中的“重要成员”。

爱因斯坦曾说：“知识远没有想象力重要，因为知识是有限的，而想象力是无限的。它能够概括世界上所有的东西，能够推动科学的进步，并且是知识进化的源泉。”

心理学家在进行了大量的研究之后，将想象思维分为两种类型：一是无意想象，即在没有任何意识支配的情况下产生的一种想象。由于受到外界的刺激，大脑会不自觉地产生一些想象，比如人们看到天空中的白云时，会不由自主地想象到棉花、绵羊、动物等。

另外，人在睡觉时所做的梦，精神病患者大脑中出现的幻觉等，这些都是无意想象。虽然无意想象能够给我们带来灵感，可是它不能直接创造出新的东西。

二是有意想象，即受到主体意识支配的一种想象。它会根据人们的想法，有意识地塑造出某些事物形象。这种想象活动具有一定的方向性与预见性。

英国作家奈杰尔·斯皮维在《艺术创世纪》一书中写道："人类的艺术史，也是想象力的历史。在想象中，我们可以追溯时间的长河；在想象中，我们可以一览世界的全貌。凭借这样神奇的力量，我们得以领略在这个星球上曾经发生的一切。"

可见，想象正是艺术的本质，而想象力能够让我们在艺术的世界里天马行空。

当然，想象力不仅仅是艺术创作的基础，也是日常生活、工作和学习中不可或缺的思维能力。它与逻辑思维不同，其思维过程和结果追求的是生动形象、丰富多彩、直观亲切。除此之外，它还具有以下几种特征：

一是形象性。想象思维是对大脑中存储的表象进行加工和创造新形象的过程，它的加工对象不是符号或者语言，而是大脑中的形象信息。所以，想象思维具有一定的形象性，比如你在看小说时会想到人物的表情，看图纸时会联想到立体的事物。

二是概括性。想象思维是以形象为基础进行的，所以具有一定的概括性。比如在某些文学作品中，地球被想象成鸡蛋，地壳就像蛋壳，地幔就像蛋白，地核就像蛋黄，这样的想象就十分概括。再比如，有的科学家将原子结构想象成太阳系，都具有概括性特征。

三是夸张性。想象思维的结果往往会将它的有关部分进行夸张处理，比如古诗"野旷天低树"和"飞流直下三千尺"中的"天低树"和"三千尺"就是一种夸张性的表达。

总之，想象思维能够让我们拥有敏锐的洞察力。在处理大脑提供的信息时，想象思维占据着极其重要的地位。

避免最后期限的压力

思维导读：

人们在完成一项工作或任务时，起初往往没有开始动手，能拖则拖，总是“把它留到明天再说吧”，直到“最后期限”到来，才不得不努力去完成。很多人可能都不相信：“最后期限”也可能会扼杀我们的创造力！

有相当一部分人对“最后期限”可能扼杀创造力的观点表示强烈的不认同，他们认为“最后期限”反而会激发新思路，提高创造力。这种观点也具有一定的正确性，至少在某些人身上得到过验证。

而且，心理学上的“最后通牒效应”也能作为佐证。

“最后通牒效应”指出：人们在完成一项工作或任务时，起初往往没有开始动手，能拖则拖，总是“把它留到明天再说吧”，直到“最后期限”到来，才不得不努力去完成。而在“最后期限”内所做的事情，通常比平时更有效率，甚至做得更好。

这可能是绝大多数人拥有的心理倾向——最后拿到的巧克力一定最好吃；最后出场的一定是压轴好戏；在面试时最后一个出场，也一定能够给面试官留下最深刻的印象……因为最后发生的事情离结局最近，所以“最后期限”也会让体验到比平时更加深刻的情绪。

这些观点似乎并没有问题，不过它们可能只适用于一部分人，更多的人通常难以避免“最后期限”带来的极度压力。在这种极度压力之下，拖延行为会变得更加严重，甚至出现焦虑、失眠、食欲不振等情况，这时还有什么资本来谈创造力呢？

现实生活中，能够扛住“最后期限”的压力，让自己表现得更加出色的人，实在太少了。普通人在极度压力之下，思维会变得迟钝、混乱，各种表现只会变得更差。

所以，我们应该尽量避免“最后期限”的压力，让自己处于井井有条的放松状态，这样更有利于发挥创造力！

如果我们正在面对“最后期限”的压力，应该如何在压力之下保持创造力呢？美国时间管理大师、畅销书作家伊丽莎白·格蕾丝·桑德斯教授给出了以下几点建议：

第一，不要逼迫自己去创新。大脑在极度压力下会开启应激模式——准备战斗或者马上逃离，这两种应激模式都是大脑中最原始、最不具创造力的部分。这时如果还要逼迫自己去创新，只会得不偿失，不仅不会产生创新的想法，还会让大脑陷入混乱的应激状态。

第二，让大脑得到短暂休息。如果费尽心思也没有一点头绪，不如停止思考，让大脑休息休息，可以阅读相关的资料，可以看看相关领域内的其他人是怎么做的，也可以找专家聊聊天。有时让紧绷的大脑放松一下，灵感便突然闪现了。

第三，找人合作。独立思考无法解决的问题，与人交流可能就迎刃而解了。经常与同事进行头脑风暴，也是获得创造性思维的有效途径，因为交流本身就能激发新思维。

第四，一定要有耐性。在极度压力下，人们很容易自乱阵脚，失去最后的耐性，更别说保持创造力了。所以，哪怕承受着“最后期限”的压力，也不能失去最后的耐性。创造力可能就在你咬牙坚持的那一刻降临了。

当然，如果“最后期限”能够激发你的创造力，让你事半功倍，那就更好了。

不要预测，要重新架构

思维导读：

经济学强调“策略重于预测”的观念，因为策略能够在预测失误的情况下将损失降到最小，而预测只会带来更大的风险。

在经济学家看来，“预测市场”是投资交易中最重要的事情，同时也是不可能完全实现的事情。为什么有不计其数的企业家都输在这个“无解之谜”上？原因就在于市场经济的基础存在不确定性，而不是可预测的。

什么是不确定性呢？

用经济学的语言来回答，不确定性是指经济行为者在事先不能准确地知道自己的某种决策的结果，或者说，只要经济行为者的一种决策的可能结果不止一种，就会产生不确定性。比如某人买了一只股票，由于不知道股票未来的涨势如何，因此就产生了不确定性。

而在量子力学中，不确定性指测量物理量的不确定性，由于在一定条件下，一些力学量只能处在它的本征态上，因此在不同的时间测量，就有可能得到不同的值，就会出现不确定值——当你测量它时，可能得到这个值，也可能得到那个值，得到的值是不确定的。只有在这个力学量的本征态上测量它，才能得到确切的值。

在生活中，不确定性体现得更为明显，凡是未来将发生的，我们无法准确预测的事物，都充满了不确定性。比如明天的面试能不能通过，接下来的约会是否愉快，相亲的对象是否符合自己的标准等。生活中绝大多数事物都具有不确定性。

正是因为各种不确定性的存在，所以我们不能过度依赖于“预测”，它有可能会让我们误入歧途。

著名投资大师查理·芒格曾经说过："所谓投资这种游戏就是比别人更好地对未来作出预测。你怎样才能够比别人作出更好的预测呢？一种方法是把你的种种尝试限制在自己能力许可的那些个领域当中。如果你花费力气想要预测未来的每一件事情，那你尝试去做的事情太多了。你将会因为缺乏限制而走向失败。"

可见，这位与"股神"巴菲特共事的投资大师，也不对"预测"抱有太多好感，他甚至坦言："预测从来不是我的强项，而且我也不依靠准确的预测来赚钱。我们往往只是买入好的公司，并一直持有……"

经济学强调"策略重于预测"的观念，因为策略能够在预测失误的情况下将损失降到最小，而预测只会带来更大的风险。所以，经济学家和投资大师都建议我们"不要预测"，要"寻求策略"。那么，什么样的"策略"能够帮助我们更好地思考和面对未来的不确定性呢？

美国科幻作家艾略特·佩珀给出的答案是"重新架构"。

艾略特·佩珀曾在 2017 年的《哈佛商业评论》以及 2019 年的 TechCrunch 博客上发文表示：商业领袖应该多读科幻小说，因为科幻小说（尤其是短期科幻小说）能够帮助我们预测未来 5 年至 10 年间可能发生的事情。

但优秀的科幻作家的贡献不仅仅在于预测未来，而是对未来的"重新架构"。在"重新架构"的世界里，我们看到许多耳目一新的想法以及别出心裁的观点。

这些想法和观点，不正是创造性思维的产物吗？

从古至今，我们的通信方式从信鸽、电报、明信片到电子邮件、5G 通话等超时空交流，古人没有预测到电子通信时代的到来，甚至邮政服务也没有预测到电子邮件的出现。

所以，预测只能给我们提供充满不确定性的短期视角——长期预测只会让我们更加迷茫，而"重新架构"能够让我们更接近于现实，更容易获得应对策略，也更容易产生切实可行的创新。

留意比想法更重要

思维导读：

我们不仅要重视自己的想法，更要学会留意生活中或大脑中随时随地可能出现的任何一个创意或灵感。它们都是创造性思维产生的起点。

创造性思维的产生是有规律可循的，还是具有不可捉摸的随机性呢？

在回答这个问题之前，我们先看一看哲学家叔本华说过的一段话："诱发一个人思想的刺激物和心境，往往更经常地来自现实世界而非书本世界，呈现于他眼前的现实生活是他思想的自然起因。作为存在的基本因素，他自身的力量能够使它比其他任何事物都更易于激发、影响思考者的精神……"

这段话最简单的解释就是：灵感来源于生活！

很多哲学家、思想家和艺术家都说过类似的话，这可能也和他们的亲身经历有关——很多灵感或创意的产生，都具有不可捉摸的随机性。

所以在大多数情况下，我们需要灵感和创意时，它们都无处可寻；而当我们快要忘掉它们时，它们又如火花般迸射。这也是创造性思维和常规思维过程完全不同的地方。

如果创造性思维的产生有规律可循，我们完全可以通过固定的模式"批量生产"出各种各样的灵感或创意，可现实却告诉我们，创造性思维的产生具有很大的随机性，还有学者指出，创造性思维是多种人格特征、行为和社会的影响在一个人身上的集中体现。

正因为它的复杂性和不确定性，我们不仅要重视自己的想法，更要学会留意生活中或大脑中随时随地可能出现的任何一个创意或灵感。它们都是创造性思维产生的起点。

从心理学来看，那些富有创造力的人往往具有复杂的性格特征，他们的人格类型错综复杂、充满矛盾甚至自我否定，所以很难被定性。这些特征在一些天才发明家和艺术家身上体现得淋漓尽致，因此他们通常会被贴上“疯子”“怪伽”等标签。

神经科学也为“创造性思维的产生”描绘过一幅极为复杂的图像：一个人产生创造力的过程涉及一系列的认识过程、神经及情绪变化。这一过程的复杂程度远远超过了当今神经科学家对于人类大脑的研究。或许我们都能够从理论上得知，人的左脑主要负责理性分析，而右脑主要负责创意和情感，可究竟如何产生创意，我们却知之甚少。

正因为创造性思维的产生极具复杂性和随机性，所以我们更要懂得“留意比想法更重要”。

首先，在日常生活中，要留心观察身边的一切事物，要学会独自时与自己对话，要大胆想象，甚至连白日梦都有可能给你带来灵感。

其次，要保持好奇心，要尝试各种新的体验，求知欲和自我突破能够很好地激发创造力。

最后，一定要追随内心的激情，它所产生的内在驱动力，能让创造力爆发。

美国心理学家斯科特·巴里·考夫曼曾在《赫芬顿邮报》上说：“富有创造力的人通常难以了解自己，因为创造力的产生极具复杂性，最突出的特点就是自身的矛盾性。”

尽管我们目前并没有“固定的、典型的”创造性思维模式，但是我们通过不断思考，通过留意生活中和大脑中随机出现的各种创意和灵感，仍旧能够获得源源不断的创造力。

将脑袋打开一毫米

思维导读：

我们需要去面对的全新事物、需要去学习的全新知识越来越多，这时候如果将大脑封闭，定然会被时代淘汰，而将大脑打开一毫米，去接受全新的事物、去学习全新的知识，则能与时俱进，获得突破与发展。

当我们的思维陷入困境之中时，大脑可以提供两种应对措施：一是接受现状，降低自己的底线，在不安与困顿中挣扎；二是寻求突破，利用创造性思维打破僵局，获得进步。

相信绝大多数人都不肯“服输”，选择接受现状的人也并不多，大家更愿意寻求突破，直到在不断尝试中耗尽所有的脑力。

其实，当思维陷入困境之中时，只需要将脑袋打开一毫米，就能从狭小的缝隙中照进一道耀眼的思维之光，它能让我们看到转机和希望，让横亘在大脑中的很多难以解决的问题得到解决，就像灵光乍现一样让我们豁然开朗。

营销学上有一个十分经典的案例：美国有一家牙膏生产公司，其产品质量与精美的外包装都在同行业中首屈一指，其销量也连续十年保持不断上升的趋势，然而到了第十一年，销量开始保持稳定，虽没有下滑，也没有上升。此后的两年仍旧如此。公司的董事会开始着急了，便召开了全国经理级高层会议。

在会议上，全国经理各抒己见，列举出无数个应对方案，最后都行不通。

正当大家一筹莫展之时，一位年轻的经理提出了一个“有偿的有效方案”，意思是：他可以提出一个有效的解决方案，但公司必须额外支付他 5 万美元。

公司总裁听了自然很生气，但还是决定听一听年轻经理的方案。

只见那位年轻的经理站了起来，在一张纸上写下一句话："将现有的牙膏开口扩大 1mm。"然后将纸递给了总裁。总裁看后眉开眼笑，立刻签了一张 5 万美元的支票给他。

我们可以想象一下，如果消费者每次多用 1mm 的牙膏，每天牙膏的消费量将多出多少倍呢？这个"有偿的有效方案"直接让公司的营业额在下一年增长了 32%。

这个营销学上的案例帮助很多企业改变了自己的经营观念与经营模式，让很多老板学会了突破创新与进取意识。如果只知道墨守成规，又如何与时俱进，如何突破创新呢？

新时代的发展是日新月异的，AI 智能化与 5G 通信也渐渐走入平常人的生活。

我们需要去面对的全新事物、需要去学习的全新知识也越来越多，这时候如果将大脑封闭，肯定会被时代淘汰，而将大脑打开一毫米，去接受全新的事物、去学习全新的知识，则能与时俱进，获得突破与发展。要知道，创造性思维不仅在企业营销上、在艺术创作中极其重要，在科学、技术、工程等方面同样重要。

那么，我们应该如何将脑袋打开一毫米，让创造性思维萌芽生长呢？

美国心理学博士凯瑟琳·帕特里克在《创造性思维十一讲》一书中系统地介绍了创造性思维的产生、发展以及对人们生活的影响，同时还提出了培养创造性思维的几个阶段：

准备期：凯瑟琳博士曾对上千个领域的创意工作者进行跟踪调查，最后发现在他们的创意流程中，充足的准备才是产生创意的基础。也就是说，除非有一个较完整的准备阶段，否则创造性思维很难凭空出现。

酝酿期：如果说准备期的工作让人感到枯燥乏味，那么酝酿期需要做的工作就是让自己保持放松的状态，掉转思维去做一些"微不足道"的小事，比如游泳、散步、阅读等。这样会给大脑提供一个轻松的思考环境，更有利于创意的诞生。

阐述期：在酝酿期阶段，我们的大脑有可能就会产生一些顿悟的想法，这时应该尽量抓住并阐述这些想法，让它们"落地生根"，变得清晰明确，易于阐述和掌握。最好的阐述方法是建立一个模式，让想法显得更加细致和全面。

验证期：这是产生创造性思维的最后一个阶段，即对产生的新想法、新创意进行验证、细化以及评估。这样做能够让想法和创意变得更成熟严谨，也更方便实现操作。

通过以上几个阶段性的培养，不仅能够将脑袋打开一毫米，还能让创造性思维蓬勃生长。

当然，并不是所有创造性思维都需要经历这些阶段，有的创意来源于天马行空的想象，而有的创意来源于偶然间的灵感。

我们既要学会培养自己的创造性思维，也要学会随时抓住大脑中一闪而过的灵感。这样才能让创造性思维永不缺席！

第二章

激励思维：像经济学家一样思考

人们面临权衡取舍

思维导读：

稀缺、机会成本、免费午餐……这些基本概念，教会我们很多经济学的思维。这些思维，无论对于个人、企业，还是国家，无论对生活还是工作，都非常有帮助。

人的欲望是无限的，而我们身边的资源是有限的。这意味着，相对于人的欲望而言，大多数资源总是稀缺的。而经济学就是研究人在稀缺情况下，如何做决策的一门学问。

所谓决策，就是权衡利益。著名经济学家格里高利·曼昆在《经济学原理》一书中，提出了十大经济学原理，头一条就是：人们面临着权衡取舍。

生活中，这样的例子很多。最简单的，对于个人而言，时间就是稀缺的。你选择上班，就等于放弃了度假的机会。钱和物也是稀缺的。你这个月买了苹果手机，就不能再买其他昂贵的电子产品；你贷款买了房，就不得不接受每个月生活水准下降。

对国家而言，也一样。大炮和黄油，就是一个著名的经济学决策。

一个国家，如果在国防（大炮）开支上投入大笔资金，就意味着它必须减少在民生（黄油）上的投入。但如果减少国防开支，就意味着可能面临更大的国家安全威胁。

经济学第一原理告诉我们两个道理：

第一，天下没有免费的午餐。

这句话在西方很流行，甚至产生了一个缩写词组——TANSTAAFL。它起源于19世纪中叶，当时美国很多汽车沙龙的组织者，为前来光顾的客人提供免费的午餐。但他们却在午餐里添加许多含盐量高的食物，例如火腿、奶酪和咸饼干等。这样，客人们在享用完免费的午餐后，就不得不购买啤酒来解渴。最终一算账，这比自己掏腰包买午餐还要贵得多。

这种诱导性的消费，曾经在美国受到了广泛的批评，甚至包括著名经济学家米尔顿·弗里德曼也卷了进来。抛开这些争议不谈，至少这件事告诉我们，你做任何事情都是有成本的，表面上看你的选择占了便宜，其实吃了大亏。

因此，在权衡取舍时，一定要计算这背后的成本。

这就引出了第二个道理，那就是机会成本。

所谓机会成本，就是你选择一种方案，而失去其他替代方案的成本。

例如，农民在获得土地后，他可以选择养猪，也可以选择养鸡。如果他选择养猪，就不能养鸡。这样，养猪的成本就是放弃养鸡的收益。

机会成本也是经济学中最重要的概念之一。考虑到你做的几乎每一个决策，都有潜在的其他选择，你永远无法完全消除机会成本。因此，在做任何决策时，都应该考虑机会成本。

以辞职这件事为例，你将如何决定，是不是该辞职？

答案之一是，从机会成本的角度考虑问题，看看是留下来，或者辞职，哪一个的机会成本更高。辞职的成本包括：失去一份薪水、失去原来的人际关系、失去原有的职位和声望等。留下来的成本包括：无法吸引新客户、无法接触更多的人或事、失去获得更高薪水的机会、无法承担新的领导地位等。你可以列一张表，把这些成本计算进去，看看哪一个的成本更高。这样一来，就很容易决策了。

稀缺、机会成本、免费午餐……这些基本概念，教会我们很多经济学的思维。这些思维，无论对于个人、企业，还是国家，无论对生活还是工作，都非常有帮助。

天下没有免费的午餐

思维导读：

无论穷人、富人，总有一部分资源是稀缺的，所以人们必须学会选择，为了得到某种东西而放弃另外的东西。

著名经济学家米尔顿·弗里德曼曾说："假如要用一句话来概括经济学，那就是'天下没有免费的午餐'。"

这句话的原意是想告诉我们：就算不用付钱吃饭，却仍旧需要付出代价。其代价就是前面说过的机会成本——做事的真正成本，不是我们为此付出多少，而是为此放弃的那些东西。比如吃"免费午餐"的时间，可以用来做成其他更有价值的事情。

弗里德曼第一次提出"天下没有免费的午餐"的概念是在1972年出版的《一个经济学家的抗议》一书中，后来他前往以色列接受希伯来大学名誉博士学位时，发表演讲说："天下没有免费的午餐——这是我的经济学理论的全部，剩余的都是细枝末节。"

从此，"天下没有免费的午餐"成了弗里德曼的"招牌"。

不过在近几年，哥伦比亚大学政治学教授大卫·波云在《经济结构术》一书中指出，"天下没有免费的午餐"其实出于政治学者杜兰笔下，他在1971年发表的一篇论文中提出两大原理，其中之一便是"天下没有免费的午餐"原理。

可见，"免费午餐"并不是弗里德曼所创，只是他的名气大过杜兰，并且在这一理论的推广上功不可没，因此才被大众所熟知。

众所周知，人的欲望是无限的，这一特性体现在社会生活的方方面面。

但相对于人的无限欲望，人类在满足欲望的资源上却是稀缺的，比如“钱不够花”“时间不够用”等。

无论穷人、富人，总有一部分资源是稀缺的，所以人们必须学会选择，为了得到某种东西而放弃另外的东西。这就是所谓的机会成本——为了达成某项目的所要放弃的最大的价值。

如果现在有两个工作机会摆在你面前，一个是年薪 20 万元的大学教职，一个是年薪 60 万元的职场猎头，在不考虑非货币利益的前提下，选择你喜欢的大学教职的机会成本就是 60 万元。当然，现实中的决策往往会更加复杂，因为你需要考虑的非货币衡量因素还有很多很多，比如亲情、爱情、自由、梦想、尊严等。这样说来，机会成本更多是主观上的判断。

人们在做个人决策时，很容易理解“天下没有免费的午餐”，不过在考虑公共福利提供等问题时，却常常忽略了这一点。人们总是希望政府多提供公共福利、多建设公共设施，仿佛这些都是“免费的午餐”。

而事实上，社会上任何低于市价的商品及服务，都是政府用纳税人的钱补贴的——政府为了增加公共福利，就必须通过发行货币以及举借公债等途径获得收入，不管是哪一种方式，最终所付出的成本都将转嫁到普通公民身上，减少个人可获得的产品及资源。而且，政府所提供的公共服务其效率极低，所以那些妄图获取“免费午餐”的人，最后所得到的“午餐”往往会更加昂贵！

举一个最简单的例子：公交车票大降价，人们出行更愿意选择乘坐公交车，但是乘客并没有得到真正的“免费午餐”，因为财政每年必须向公交系统补贴一大笔钱，而这些钱通通来自纳税人。

现实情况更加残酷——社会公众对于“免费午餐”的期待，往往会让经济失去活力，法国等欧洲国家就曾因为“免费的午餐”问题导致经济放缓甚至停滞。所以，无论是政府、机构抑或个人，都不要对“免费午餐”抱有太大期待，那样只会让自己失去更多。

人是在边际上做选择

思维导读：

现实生活中，理性的决策者往往会考虑到边际效用，从而作出更优的选择。比如一个人在温饱状态下吃一个馒头的边际效用，要远远小于在饥饿状态下吃一个馒头的边际效用。

大多数人在做选择的时候，想到的往往是非此即彼——选择了鱼，就意味着失去熊掌，而经济学家想到的却是“多一些”或者“少一些”的比较。这种选择被称为“边际选择”。

在经济学上，“边际”就是对现有行动进行的微小调整，而“边际选择”就是对这种微小调整所需要付出的成本以及所得到的收益进行权衡的过程。

在经济学家看来，人都是在边际上做选择。

比如一个人在考虑购买食品和衣物的问题时，通常不会只买吃的东西而不买衣服，也不会只买衣服不吃饭，而只会考虑多买食物少买衣服，或者多买衣服少买食物。这样的选择就是“边际选择”，重点在于成本和收益之间的权衡。

值得一提的是，“边际”概念还解答了经济史上遗留的一个著名难题：水和钻石的悖论——为什么在人类眼中，至关重要的水资源价值感很低，而对于人类生存可有可无的钻石，却有高的价值感呢？

这个问题一直困扰着 19 世纪以前的经济学家，因为古典的经济理论无法作出合理的解释，而从“边际”概念入手，则能轻易地作出解答。

我们知道“人是在边际上做选择”，物品的价值也取决于它给人们所带来的边际效用，水对于人类的生存至关重要，但是由于它的储量巨大，在边际上多一滴或少一滴都对效用影响不大，而钻石看上去对于人类生存可有可无，却因为储量稀少，在边际上多一颗或少一颗对效用影响极大，正是因为这个原因，水的价值才没有钻石高。

在现实生活中，理性的决策者往往会考虑到边际效用，从而作出更优的选择。比如一个人在温饱状态下吃一个馒头的边际效用，要远远小于在饥饿状态下吃一个馒头的边际效用；再比如，星期天晚上朋友打电话约你出去逛街，而你正在拼命复习功课准备明天考试的事情，这时候你是选择陪朋友逛街，还是继续复习功课呢？

如果只是普通意义上的选择功课，而拒绝朋友，你可能会产生一丝愧疚感，或者让朋友误会自己还不如一场考试，但是从经济学的思维方式来看，情况就不一样了——你选择的并不是非“朋友”即“功课”，而是“朋友”和“功课”在特定的时间点上此多彼少或者此少彼多，这便是你在“边际”上作出的选择。

经济学家从来不会用非此即彼的方式去思考问题，而更加注重边际成本与边际收益，如果我们能够像经济学家一样思考，将更加容易做好人生的种种选择题。

分工是进步的源泉

思维导读：

如果一个人要想获得更多，必须要学会分工，与人合作，与人分享。任何个人都没法担当全部，一个人的价值是体现在与别人相互帮助的基础上的。

现代经济学的主要创立者亚当·斯密，他认为现代资本主义经济制度的基础有三个支撑点：一是自由市场，二是自由贸易，三是劳动分工。现代经济社会也建立在这一理论基础上，尤其是分工理论，体现在社会生产和生活的方方面面，也是人类社会进步的源泉。

在《国富论》的开篇部分，亚当·斯密花费大量笔墨来阐述社会分工的发展及其重要性。从最早的个人农耕开始，到现代社会的流水线生产，分工无时无刻不在促进人类进步和社会发展，其主要价值体现以下几个方面：

第一，分工可以把复杂的工序拆解成一系列协作环节，每个环节由专业人士执行。这样一来，每个环节的专业人才一次只需要做一件事情，在重复作业中，大脑不需要频繁切换思路，使个人的专业度及效率都不断得到提升。

第二，分工可以让企业更好地利用地区资源优势，比如某些国际企业将零件生产环节安排在发展中国家，就是为了更好地利用这些国家的廉价劳动力资源。

第三，分工还能增加创新的可能性，因为在分工过程中，人们不断进行重复性工作，自身的效率和能力不断提升，从而更有可能突破自我局限，完成仅靠个人难以完成的事情。

亚当·斯密的“分工理论”在当今社会的职业分工上也有充分体现，有的人是高级 CEO，是企业的核心技术人才，前景一片光明；有的人却是重复性劳动者，依靠体力劳动获取收入。到底是什么因素决定了职业分工的高低之分呢？

最主要的原因就是个人能力和技能上的差别。最为稀缺的技能应该是聚拢人心的技能，比如政治家如马丁·路德·金、企业家如马云等人所拥有的；其次是各种领域的顶尖核心技能；最后是一些重复性体力劳动技能。

除了社会分工，国家与国家之间也有分工。由于全球化的发展，使一些国家专注于某几个产业，比如美国专注于科技发展、德国专注于精密仪器制造，英国着重于发展金融和法律等服务业，日本着重于输出汽车和自动化机械仪器……

全球经济发展趋势必然倾向于国家分工，为什么中国的经济在改革开放之后迎来了奇迹般的发展？原因就在于改革开放开启了巨大的国际市场，这让中国在全球产业链上也占有了一席之地！

对于个人而言，分工能够提高一个人的专业度，其专业度越高，个人价值就越高。当然，分工不是让我们一辈子只专注地做一件事情。当我们的个人价值储备得到提升，渐渐实现了更高水平的财务自由时，便能选择自己的专业领域，从而获得更高的产出。

当今社会讲究的是合作共赢，个人英雄主义早就行不通了。如果一个人要想获得更多，必须要学会分工，与人合作，与人分享。任何个人都没法担当全部，一个人的价值是体现在与别人相互帮助的基础上的。许多时候，与他人分享自己的拥有，我们才能认清自己的位置和方向。而且，你在分享的同时，也会收到别人的分享，这就是资源互换。

分工合作能够产生合力，分享能让人领先一步。

正如英国戏剧家萧伯纳所说："倘若你有一个苹果，我也有一个苹果，而我们彼此交换苹果，那么我们仍然各有一个苹果。但是，倘若你有一种思想，我也有一种思想，而我们彼此交流这些思想，那么我们每人将各有两种思想。"

综上所述，分工能够有效促进国家、社会、企业及个人的发展与进步。

结果比动机更为重要

思维导读：

无论我们在做任何事情，还是在评价任何事情的时候，都应该秉持“结果比动机更为重要”的原则，这样才能更好地权衡利弊，作出最有益的决策。

一个人在采取某种行动时，既有动机，也有结果。但动机与结果并不一定会保持一致，甚至会产生冲突，在这种情况下，对这个人的行为进行评价时，应该更看重他的动机，还是最后的结果呢？这个问题曾在西方哲学史上占据着十分重要的位置……

德国古典哲学家康德认为，我们应该更重视行为的动机，而不是行为的结果。他在《道德形而上学原理》中写道：“善良意志是至高的善。”

这可能也是绝大多数人所认同的观点：只要某项行为的出发点是好的，那么这项行为本身就是好的，也是值得肯定的。

不过，英国功利主义哲学家杰里米·边沁却持有不同的观点，他认为行动的结果要比动机更为重要，甚至在自己的著作《道德与立法原理导论》中明确写道：“让最大多数人的最大幸福得以增进的行为就是善，反之则是恶。”

稍有一点经济学常识的人都知道，功利主义哲学对于经济学的影响是十分深远的，甚至有不少学者认为经济学的两大基石就是个人主义与功利主义。现代经济学同样秉承了功利主义哲学的观点，认为行动的结果比动机更为重要！

对此，经济学奠基人亚当·斯密和诺贝尔经济学奖得主哈耶克都曾有过十分精辟的论述。

亚当·斯密曾在《国富论》中写过这样一段话："我们每天所需的食物和饮料，不是出于屠夫、酿酒师或烙面师的恩惠，而是出于他们的自利的打算。"

亚当·斯密想要表达的是，虽然屠夫、酿酒师和烙面师的行为动机是利己的，但是行为的结果却是利人的，所以值得被称赞。在现实生活中，每个人都想利用好自己的资本，让产出的价值最大化，这样的动机可能只是为了自己的"私利"，并且很少会考虑到公共福利。

但是，很多人在这样做的时候，却出乎意料地达成了"利人"的目标，好像有一只无形的手在暗中引导，让原来追求个人利益的行为变成了增进社会利益的行为。所以亚当·斯密认为，结果比动机更为重要。

哈耶克也有过同样的论述，他认为部分人的"为己"行为却能产生"为人"的结果，即非善的动机产生了善的结果，所以应该被认同和赞许。

不过，哈耶克更加强调的是善的动机可能会产生非善的结果。

为了论证这一观点，哈耶克还与另外两位诺贝尔经济学奖得主——弗里德曼和斯蒂格勒——合著了一本名为《房租管制：神话与现实》的书，并且在书中以实例阐释了"善的动机可能产生非善的结果"这一观点。

《房租管制：神话与现实》以美国旧金山的房租管制问题作为阐述点，表明政府实行房租管制的动机是为了让穷人更容易找到住所，但最后的结果却适得其反——旧金山在实施房租管制之前，由于租金过高，导致大量穷人只能挤在狭窄的租房内，或者与他人合租，政府迫于压力不得不进行房租管制，要求房租必须低于市场均衡价格。

这样一来，房东更不愿意将房子租出去。由于政府并没有对房屋买卖进行管制，所以很多房东宁愿选择把房子卖出去，也不愿意租出去。

政府的"善意动机"却造成了不好的结果，最终使大部分买不起房子的穷人露宿街头，仅有少量的幸运者租到了便宜的房子，但房子的质量都很差。所以，经济学家在对某项政策进行评价时，都会采用"结果重于动机"的原则，只有当动机与结果达成一致时，经济学家才会将其认定为值得称赞的好政策。

最后，我们应该记住哈耶克说过的一句话："通往地狱的道路通常是由善意铺就的。"

无论我们在做任何事情的时候，以及在评价任何事情的时候，都应该秉持“结果比动机更为重要”的原则，这样才能更好地权衡利弊，作出最有益的决策。

好东西要运到远方去

思维导读：

“好东西要运到远方去定律”能够帮助我们更加清楚地理解社会上发生的许多事情，这和国家的意识形态、道德水准和生产水平无关。

很多人在买东西的时候都产生过这样的疑问：为什么购买的进口商品大多品质优越，即使价格高于国产商品，仍旧受到很多人的青睐？

有的人将原因归结为国产商品质量不行，认为中国的基础工业太差，甚至上升到道德层面来抨击国产商品。我们姑且不去讨论这些说法是否正确，仅用经济学中最简单的定律，就能解释“为什么进口商品质量更好”这个问题。

经济学的需求第三定律指出：“好东西要运到远方去。”提出这个定律的两位经济学家是阿曼·阿尔钦和威廉·艾伦，他们合著了一书名叫《大学经济学》，书中记录了这样一件事：

1967 年，在美国华盛顿州的苹果产地，有一位消费者发现一个现象——当地街头小店里卖的苹果又小又丑，根本没有品相较好的苹果出售。

于是，他跑到果园里一探究竟，发现品相较好的优质苹果都被果农装车运到纽约去了，留在本地销售的都是品相不好的苹果。

这一消息传出去之后，华盛顿州的消费者们都愤怒不已。

为了平息消费者的怒气，美国斯坦福大学的两位经济学家阿曼·阿尔钦和威廉·艾伦站出来解释说：“假如一个好苹果卖 10 元，一个普通苹果卖 5 元，我们吃一个好苹果就等于吃了两个普通的苹果，吃两个好苹果就等于吃了 4 个普通苹果，仅从成本概念来说，我们吃一个好苹果的成本等于放弃了两个普通苹果的代价，但假如把苹果运至纽约的成本是 5 元，纽约人吃一个好苹果需要花 15 元，吃一个普通苹果需要花 10 元，而吃两个好苹果相当于吃 3 个普通的苹果，而不是 4 个普通苹果，相对来说，好苹果就变得更加便宜了。正因为如此，纽约人才更意愿选择好苹果，而华盛顿州的果农也更愿意把苹果运到纽约去卖。”

两位经济学家由此得出结论：在加上一笔相同的附加费之后，优质商品与普通商品的差距变小了，获取优质商品所需要付出的代价也变低了，而且附加费用越大，优质商品和普通商品之间的相对差距就越小。

反过来说，当人们必须支付一笔很大的附加费时，只有优质商品才更值得卖方长途运送去贩卖，离产地较远的消费者才更能享受到比产地更好的商品，这便是经济学中的需求第三定律。

现在回到我们最初的疑问：为什么购买的进口商品大多品质优越，即使价格高于国产商品，仍旧受到很多人的青睐？

这是因为当一件商品附加了一部分成本时，只有好东西才值得送到远方去，这无关产地国的制造能力，更没有道德水平上的因素。同样的道理，中国的产品出口到国外，也只会选择质量最好的商品，而不会选择普通商品。

“好东西要运到远方去定律”能够帮助我们更加清楚地理解社会上发生的许多事情，这和国家的意识形态、道德水准和生产水平无关。

至于到底是进口的商品更值得购买，还是本地的商品更值得购买，恐怕每个人都有不同的见解，就像有的人愿意花更多的钱去听一场国外乐队带来的音乐会，有的人则更愿意听本土乐队的音乐会，这里个人的偏爱要大于乐队本身的水平。

要事第一

思维导读：

在每个人眼中，“重要的事情”都有其独特的含义，即使是同一个人在不同的时期，也对其有不同的理解。

经济学家一直强调“时间成本”的重要性——只有付出的时间成本与收益成正比，才有行动的价值。时间也是现代社会最稀缺的资源。

现代人大多处于“两眼一睁，忙到熄灯”的状态中，虽然每天会耗费大量时间去工作、学习，但是最后得到的回报却微乎其微，这是为什么呢？究其原因，是不懂得时间管理，没有明确的目标性，不懂得凡事皆有轻重缓急。

现实生活中，很多人可能都因为时间管理不当，而让自己陷入困境之中——明明一件事情可以很快做好，却因为其他事情被耽搁，没有及时去完成；明明自己制订的计划很轻松，却因为其他事情的干扰而“计划泡汤”。

而且，随着时间的推移，这些没有做好的事情、没有完成的计划，会越积越多、越来越急。这时如果能够明确事情和任务的轻重缓急，选择最重要和最紧急的事情去处理，就会井井有条，而不会出现这样的尴尬情况了。

美国第34任总统艾森豪威尔提出过一个充满智慧的“十字时间计划法”。它能够帮助我们明确地知道自己的时间应该用在什么地方。“十字时间计划法”的操作流程也很简单，只需要画一个十字，然后分成四个象限，分别将重要紧急的事情、重要不紧急的事情、不重要紧急的事情、不重要不紧急的事情放在不同位置。

——重要紧急的事情，必须马上去处理。重要是指事情的影响力较大、意义重大，甚至会严重影响其他事情的进展；紧急就是马上需要去处理，马上要作出反应的事情。这一象限的事情十分重要，也很紧急，需要人们集中精力马上去处理。如果出现拖延、恶化、处理不当等情况，会让事态变得更加紧急，并且造成更加恶劣的影响。

——重要不紧急的事情，不能被忽略或遗漏。尽管这一象限的事情没有太大的紧迫感，却有着长远的影响力，比如老师布置了暑假作业，虽然孩子有很长一段时间可以去完成它，时间上并不紧急，而且很自由，但是孩子必须耗费大量的时间才能完成，如果在完成过程中出现一些突发状况，或者出现一些问题，都有可能让第二象限的事情变成第一象限的事情，那时就需要更多的时间和精力去处理了。

——紧急不重要的事情，可以适当地忽略。这一象限的事情虽然紧急，但是却不重要，比如一个休息日，你独自躺在沙发上看书，这时电话铃声忽然响起，原来是同事打过来的，邀请你一同去逛街。尽管这件事情显得十分紧急，但是并不重要，甚至可去可不去。

——不紧急也不重要的事情，要避免沉溺其中。这一象限的事情可做也可以不做。不过，它们应该对我们的生活是有益处的。由于它们不紧急，也不重要，所以我们要避免沉溺其中，不要花费太多的时间和精力。比如平常生活中的游戏、上网、逛街、看电影、听音乐等。

艾森豪威尔的“十字时间计划法”能够帮助我们更好地运用“时间成本”去创造收益，其核心点就是将要事情放在第一位！那么，什么样的事情才能称为“重要的事情”呢？

在每个人眼中，“重要的事情”都有其独特的含义，即使是同一个人在不同的时期，也对其有不同的理解。在校期间往往以学业为重；工作期间以业绩为重、以积累经验为重、以学习处世之道为重；婚后以抚育孩子为重，以赚钱养家为重……我们在确定“要事”时，需要从自身出发，考虑自己所处的社会环境和人文环境等。

管理学大师德鲁克曾经说过：“卓有成效的管理者应做到‘要事优先’。”

德鲁克认为重要的事情应该符合几个原则：一是关注未来，而不是过去；二是重视机会，而不是阻碍；三是拥有自己的主张，而不是随波逐流；四是目标高远，有创新力，而不是寻求方便与安全。除了以上几个原则，“重要的事情”还有一个特征，那就是拥有多米诺骨牌效应。有的事情看起来不重要，但是“推倒”一个，后面就会形成连锁反应。

总之，“要事第一”就是分清事情的轻重缓急，把时间用在最需要的地方。这样不仅能够帮助我们提高时间成本的转化率，还能帮助我们有效地进行自我管理，在什么时间段应该做什么事情，都将安排得井然有序。

欲罢不能的困局：沉没成本

思维导读：

在现实决策过程中，当人们已经知道自己的决定是错误的，仍然不愿意选择放弃，因为人们之前已经花费了一些资本，现在放弃就意味着损失。

我们在做决策的时候，不仅要考虑这件事情对于自己有没有好处，还要考虑过去是否在这件事情上有过投入。经济学家将过去决策中已经发生或者投入的，不可能再被收回的成本称为“沉没成本”，比如我们的时间成本、精力成本、金钱成本等。

无论是做个人决策，还是商业决定，都经常会用到“沉没成本”的概念。

沉没成本是指那些已经付出，并且不可收回的成本，与之对应的是“可变成本”，即可以改变、收回的成本。在个人或商业决策中，我们只需要考虑可变成本，而不需要考虑沉没成本，这便是微观经济学理论所提出的观点。比如你在网上买了一张电影票，已经付款并且不能退票，这时你所付的钱就可以算作沉没成本，就算你不去看那场电影，钱也收不回来了。

早在 1985 年，美国俄亥俄州立大学心理学系教授霍尔·亚克斯和利物浦大学的卡特琳·布拉默就做了一个有关“沉没成本”的实验。这个实验告诉人们，沉没成本会让决策变得不理性。

两位心理学家招了一批志愿者，然后让他们假想自己花了 100 美元买了密歇根滑雪之旅的门票，可是之后又发现一个更好的只要 50 美元的威斯康星滑雪之旅，于是也买了它的票，可是这两个旅行的时间互相冲撞，而两张票都不能退换或转让，这时候志愿者们会作出怎样的选择呢？是选择那个 100

美元的不错的旅行，还是那个 50 美元更好的旅行呢？

结果有一半的人选择去参加那个更贵一些的旅行，虽然它可能没有后者那么有趣，但是如果不去参与的话，损失感会更大。这就是一个思维谬误——无论损失的大小，花出去的钱都属于沉没成本，为什么不在同样的成本面前作出更佳的选择，而让自己为无法挽回的成本买单呢？正因这样的思维谬误很难被人们意识到，所以经济学家才会建议人们在作出决策时不要考虑沉没成本，这样才能够作出更理性的决策，也避免更多的损失。

人们都有“损失憎恶”的心理，所以才会去看自己不喜欢的电影，去吃自己不喜欢的食物，去选择一场并不算好的旅行……因为已经花了钱，且不能收回，如果不去做这些事情，就意味着“损失”，这种情况也被称为“沉没成本谬误”。从经济学的角度来看，这样的行为是“不理智”的，它会导致我们行动低效，并且错误地分配自己的资源。

“沉没成本”产生的原因有哪些呢？

——策划或者决策出了问题。

——策划或决策没有问题，但在执行过程中发生偏离，最终事与愿违。

——前期调研、评估、论证工作不到位，造成中途出现问题，而无法继续。

——没有及时调整文案，发现问题仍旧一意孤行。

——处理危险的能力不足，让事态越来越糟糕。

假如我们一味地沉溺于沉没成本中，就很容易陷入决策的陷阱中，从而作出一些非理性的决策。比如很多赌徒在输了钱之后，为了把之前输掉的钱财都赢回来，会不惜花费更大的代价，花费更多的金钱。

另外，在现实决策过程中，当人们已经知道自己的决定是错误时，仍然不愿意选择放弃，因为人们之前已经花费了一些资本，现在放弃就意味着损失。

在“损失憎恶”的思维陷阱影响之下，人们通常会继续花费更多的时间和精力去把错误的决定坚持下去，总不愿意“收手”，不愿让自己之前的付出变得毫无价值。

事实上，这些行为都是受到“沉没成本效应”的影响。

整合资源：一切只为目标服务

思维导读：

无论制定目标，还是实现目标，最重要的一点就是给自己一个准确的定位，哪怕自己缺少平台，手中所拥有的资源十分有限，也不能自暴自弃，灰心失望。

当我们有了明确的目标之后，还应该学会整合资源，为目标服务。

每个人都拥有自己的资源，区别就在于资源的多与少。这也是社会的现实——人和人是存在差距的，从出生时的差距到一所小学、中学的差距，然后是大学的差距，再然后是学历、学识、身份、经历、见解、财富和地位的区别。

不可否认，有的人一出生便拥有财富、人脉、优越的教育等资源，而有的人却出身贫寒，拥有的资源并不多。但先天资源优越的人，最后不一定成才；而先天资源匮乏的人，也不是一无是处。如何利用、整合自己拥有的有限资源，才是我们应该去思考的问题。

如果不懂得整合资源，就只能在平凡中沉溺，永远失去进取的决心。

2004 年，还在哈佛大学研读心理学和计算机专业的马克·扎克伯格突然产生了一个想法，他想建立一个良好的网络平台，供哈佛学生们学习交流。

这个想法产生之后，马克·扎克伯格便行动起来。

不过，他所拥有的资源十分有限，想要实现自己的目标显得十分困难。

他向导师寻求帮助，解决一些技术上的难题；和同学们一起商量，攻克了无数难关。

通过很长一段时间的努力，他几乎将自身的所有资源都利用起来，最终创立了世界最著名的交友软件 Facebook。这让他在 23 岁的时候就被《福布斯》杂志评选为“最年轻的亿万富翁”，之后他又被《时代杂志》评选为“2010 年年度风云人物”。

马克·扎克伯格的成功，依靠的就是整合自身资源为自己的远大目标服务。他也是幸运的，因为他生在一个充满机遇的年代，可利用的资源也很丰富。

无论制定目标，还是实现目标，最重要的一点就是给自己一个准确的定位，哪怕自己缺少平台，手中所拥有的资源十分有限，也不能自暴自弃，灰心失望。相反，如果你拥有良好的可利用资源，自己本身也很优秀，同样不能眼高手低，好高骛远。

如果你拥有一个良好的平台，可以站在较高的起点上高速发展，那么你绝对是一个稀有的幸运儿。绝大多数年轻人并没有这样的“好运”，他们没有较高的起点，也没有太多的资源可以利用，所以只能找准自己的位置，不甘于平凡，努力改变生活的宽度。

我们不能否认，自己是幸运的，毕竟生在一个充满机遇的时代。无论在政治、经济、文化，还是安全方面都拥有前所未有的优势。

如果你没有太多可利用的资源，没有任何可以展示才华的平台，又不得不屈服于现实世界的规则，去做一些自己并不喜欢的事情，你会选择屈服于规则，隐忍地接受？还是果断拒绝，弄个鱼死网破呢？

北宋文学家苏洵说过：“一忍可以制百辱，一静可以制百动。”

有时候，从最不喜欢的事情做起也是一种理智的选择，更是一种成熟的表现。只要你拥有自己的目标，就一定会找到属于自己的舞台。

最重要的事情是学会整合自身的资源，有多少就整合多少。

时机管理：要等待时机，更要创造时机

思维导读：

做任何事情都应该积极果断，不要总是等待，因为等待的时间你完全可以拿来做其他事情，而且好的机遇人人都在争抢，也经不起一分一秒的等待。

我们平时关注更多的是“怎么去做”，很少会关注“何时去做”。

事实上，“做事的时机”有时候比“做事的方法”更加重要。这是畅销书《全新思维》作者丹尼尔·平克的观点。他还在《时机管理：完美时机的隐秘模式》一书中明确指出：“时机决定了你我的生存状况，时机是你我能否幸福地工作和生活的关键所在。”

时机如此重要，所以人人都在等待时机。虽然做事情通常需要“谋定而后动”，可是“谋定”并不是拖延或等待。现代飞速发展的社会，很多好的机会转瞬即逝，如果我们不能快速地作出决定，不能恰到好处地把握时机，又如何能从激烈的竞争中脱颖而出呢？

做任何事情都应该积极果断，不要总是等待，因为等待的时间你完全可以拿来做其他事情，而且好的机遇人人都在争抢，也经不起一分一秒的等待。

英国哲学家培根说：“善于识别与把握时机是极为重要的。在一切大事业上，人在开始做事前要像千眼神那样察看时机，而在进行时要像千手神那样抓住时机。”

因此，我们也要明白，时机永远不会刚刚好，我们必须尽力去把握，而且同样一个机遇，我们可以拥有，其他人也可以拥有，如何战胜千千万万的竞争者，这才是值得思考的地方。

虽然有人说“成功在于一次很偶然的机会”，可是这个偶然的机会如果没有被人发现，被人抓住并且被人充分地利用起来，就不可能有所谓的成功。很多人决策失败的最大原因，就是因循守旧，不懂得如何充分把握好时机。

其实，只要我们随时做好准备，懂得时机永远不会刚刚好，就能伺机而动。

美国著名的管理学家劳伦斯·彼得不是说过吗？“年轻人都不要再感叹自己怀才不遇、生不逢时了，只要你是锥子，哪怕是放在口袋里，年长日久，也会冒出尖来。”

如果我们能像草丛中的狮子一样，伺机而动，那么当机遇出现的时候，就能猛扑上去，将猎物捕获。一个人是否能作出正确的决策，关键就在于能否把握好时机。快速奔跑不一定最先到达终点，全力以赴也不一定得到胜利，只顾埋头瞎忙也不一定做出什么效率。

很多人总是习惯在决策过程中徘徊观望、犹豫拖延，其实在你没有迅速作出决定之前，很多机会就已经离你远去了。所以，我们必须明白以下几件事情：

第一，什么是时机。

很少有人能够准确地回答这个问题，简单来说，时机就是具有时间性的客观条件，或者特定时间的特殊机会。做决定需要一定的时机，但是不要一直等待时机。

第二，时机可以创造。

“弱者等待机会，强者创造机会。”当我们错失机会的时候，也不要灰心绝望，而应该想办法给自己创造机会。因为“当你为失去太阳而哭泣的时候，你也将失去群星了”。

第三，时机也会折旧。

很多人喜欢埋怨：“上帝总是在我不需要的时候把机会给我，在我很需要的时候却又将机会收回去。”其实，我们只是没有明白时机的真正含义——时机也是会折旧的，或许当我们发现时机之时，已经“为时已晚”了。

第四，时机转瞬即逝。

我们常听长辈们的劝告：“过了这个村，没有这个店。”

时机都像夜空中的流星那样短暂而耀眼，如果你不能好好把握，就只能让它从你的指尖划过。而且，时机永远不会刚刚好，所以你要随时做好迎接它的准备。

这才是正确的“谋定而后动”。

罗曼·罗兰曾经说过：“如果有人错过机会，多半不是机会没有到来，而是因为等待机会者没有看见机会到来，而且机会过来时，没有一伸手就抓住它。”

所以，我们要学会“时机管理”，要等待时机，更要创造时机。

人们会对激励作出反应

思维导读：

人类的一切行为与结果都是激励与响应造成的。激励的影响力也不仅仅局限于所激励的事情本身，还会像“蝴蝶效应”一样引起多重连锁反应。

经济学中有一个基本原理时常被人们忽略，那就是“人们会对激励作出反应”。如何理解这句话呢？比如摁下电灯开关电灯就会发亮，我们也可以说是电灯受到了“激励”，如果没有发亮，就是没有将“激励”传达给电灯，或者电灯无法接收到“激励”。

激励有正面激励和负面激励的区分：正面激励最简单的解释就是“重赏之下必有勇夫”，以褒奖激励人们付诸行动；负面激励更多是指激励所带来的负面效应。

从某种意义上来说，人类的一切行为与结果都是激励与响应造成的。激励的影响力也不仅仅局限于所激励的事情本身，还会像“蝴蝶效应”一样引起多重连锁反应——激励可能在这件事情上是有利，而在其他事情上则体现出弊端，这种现象经常会发生在公共政策的制定上。

举一个简单的例子：全国在推行垃圾分类的过程中，也曾遭遇激励的正反两面性。

首先，将垃圾分类出来，厨余垃圾可以用作优质有机肥的原材料，减少化肥的施用量，从而有效地改善土壤肥力，而可回收的垃圾分类出来，可以集中处理，有效减少重金属等有害物质对于环境的影响。

其次，垃圾分类同样也会带来一些弊端，比如人们需要花更多时间进行垃圾分类，需要更多的垃圾袋；另外对于环卫工人来说，工作量增加了，工资却没有上涨，还会面对一些业主的负面情绪——毕竟有的人会觉得垃圾分类太麻烦了。

所以，对于环卫工人来说，垃圾分类所带来的成本要比收益更高，这也是激励的负面性。

无论什么政策的制定，首先想到的都是正面激励，而随着时间的推移，负面弊端才会渐渐浮现出来。因此，在制定某项政策时，应该多考虑这一政策在未来可能出现的边际成本，而不是只看到它所带来的正面激励。

经济学家在评价某项政策是否合理时，往往就会从人们受到的激励和给出的反应进行评价。比如在房地产的调控政策激励之下，涌现出很多假结婚与假离婚，这种现象其实与道德和法律关系不大，而且经济学家早有“预言”，结果真是如此！

有人说“经济学是人性之学”，无论什么政策、规定、条款等，如果听起来好得不行或者坏得不行，多半都是假的，而且无法在现实中实行。因为任何政策、规定或者条款，必然有一部分人受益，而有另一部分人受损。人们追求的只是让更多的人受益罢了。

第三章

决策思维：像企业家一样思考

财富，始于野心

思维导读：

一个拥有强烈“野心”的人，往往拥有积极进取的心态，也更容易发现商机，甚至在没有商机的时候，也能寻找机会、创造商机。

很多人因为没有在二十几年前买房而感慨万千，谁也没有想到房价会一路暴涨，与其说当初没有长远的目光，不如说自己当初缺乏野心。

而那些当年毅然买房的人，内心无不抱有强烈的买房欲望，正是这种野心让他们作出了最正确的选择。其实，当年买房的人不一定都很有钱，而很有钱的人也不一定买了房。

大多数人都站在同一起跑线上，只不过其中一部分人胆小怕事、畏首畏尾，从而错失时代大趋势；一部分人却抱有强烈的“野心”，并在财富欲望的推动下，搭上了时代的班车。

一个拥有激烈“野心”的人，往往拥有积极进取的心态，也更容易发现商机，甚至在没有商机的时候，也能寻找机会、创造商机。

那些坐拥亿万家产的企业家，大多从小就有财富“野心”，无论年少时不切实际的梦想抑或信誓旦旦的追求，都需要极大的勇气和行动力。

“股神”巴菲特小时候曾放豪言，说自己 30 岁时要成为百万富翁，而事实上他提前实现了自己的梦想。

钢铁大王卡耐基 15 岁时便对弟弟汤姆谈论自己的种种志向和“野心”，他说等自己长大后要建立卡耐基兄弟公司，要赚很多钱给父母买一辆马车。兄弟两人经常谈论这种“假如”的游戏，这让他们的内心充满希望，努力工作并等待时机。最终，他们抓住了机遇，就像暗中的黑豹捕获了猎物一样，实现了自己的梦想。

中国企业家如马云、任正非等，无不拥有强烈的“野心”，并且在“野心”的驱使下建立了自己的商业帝国。

当然，有“野心”并不是不切实际，或者贪得无厌，而是不违反法律与道德的规则，并有一定的现实基础。这样的“野心”才能充分调动一个人的主观能动性，尤其是在一个人的孩提时代，更能充分挖掘他的潜力与天赋，并获得更加积极的心态。

美国成功学之父拿破仑·希尔曾说：“要想拥有财富就必须具备野心，野心是财富的基因。”他还在《财富始于野心》一书中详细描写了一个人如何利用并培养野心、如何将野心转化为目标等。

书中还列举了无数企业家的故事，让我们切实体会到“野心勃勃”才是创业者应该有的心态。这个世界上，为什么有的人可以坐拥亿万财富、功成名就，有的人却始终一贫如洗、疲于奔命呢？答案就在于一个人是否拥有“野心”。

一个人没有“野心”，连“做梦”的勇气都没有，又如何创造财富，成为人生赢家呢？

《圣经》上有一句箴言：“一个人的心怎样思量，他的为人就是怎样。”

可见，“野心”才是治疗贫穷的良药。缺乏“野心”的人生活总是得过且过、停滞不前，没有梦想和追求，一直待在自己的舒适区内。而“野心”能够帮助我们走出舒适区，让我们拥有奋进的目标，并且拥有实现目标的胆量与行动力。

站在风口上，猪都会飞

思维导读：

我们要理性看待“风口”，不盲目，也不冲动。只有眼光独到、看准时机的人，才能站在风口上笑傲群雄，飞得比谁都高。

小米品牌创始人雷军曾说过一句话：站在风口上，猪都能飞！

雷军认为，自己创业成功的诀窍就在于找到了风口，然后顺势而为。正如《孙子兵法·兵势篇》所言：“故善战人之势，如转圆石于千仞之山者，势也……”

意思是说，那些在战场上所向披靡的将领，最擅长的就是造“势”。他们所造的“势”如同圆石从陡峭的山崖滚落而下，势不可当！

后来，人们将雷军的“风口论”称为“飞猪理论”。

不过，真正让“风口论”成为时代热点的却是“2015 中国 IT 领袖峰会”。因为在这次会议上，中国三位“大佬级”的企业家李彦宏、马化腾和杨元庆分别就“风口论”发表了各自的观点，并且针对互联网的“下一个风口”问题展开了讨论。

百度 CEO 李彦宏的观点是：“‘风口论’充满了投机思维，如果大家都用这种思考方式，是比较危险的。15 年来，我时时刻刻处在风口当中，吹得难受。”

腾讯公司董事会主席兼首席执行官马化腾则认为：“这么多家都看到风口，全部往那挤，还在排队。我们往那挤，我不是想在风口上起飞，而是给这个风口搭一个梯子，或者卖降落伞，防大家上去下不来，或者卖望远镜……”

联想集团董事长杨元庆说：“联想还是刚刚出生的婴儿，一个小生命，我们不是往风口去钻，我们要做的事情是好好地练好翅膀变成雄鹰，等到风来了，我们能够展翅高飞。”

从三位企业家的言论中不难看出，互联网风口已经成为时代的趋势。很多创业者都顺势而为，站在互联网的风口上，也确实有人飞了起来。可我们不能盲目地站在风口上，而应该看准时机，并且掌握正确的方法。盲目进军某个行业，只会让自己摔得更惨！

马云在谈到“风口论”时说：“风过去了，摔死的都是猪。”

马云认为，风口再大，终会过去。如果一家企业将自己 80% 的资产质押出去，拿钱去做与自己主业不一样的东西，那么问题就已经出现了。

马云并不是空口之谈。还记得 2017 年的时候，人人谈论“共享经济”，中华上下到处都是共享，大到创业园区和汽车，小到自行车、雨伞、充电宝。

尽管也有创业者站在了共享经济的风口上，实现了财富梦想，但大多数的“跟风者”，并没有落得好下场——仅仅一年多的时间，共享经济便成了共享垃圾——摩拜被美团收购，仍然持续亏损；ofo 大呼旗号，“跪着也要活下去”，最后仍旧步履维艰；至于 3V Bike、酷骑单车、悟空单车更是昙花一现，早已销声匿迹……

所以，我们要理性看待“风口”，不盲目，也不冲动。只有眼光独到、看准时机的人，才能站在风口上笑傲群雄，飞得比谁都高。

每个人面对时代的“风口”都有不同的态度，即使成功的企业家也是如此，不论是不畏艰险地前行，还是沉着理智地观望，都值得我们去学习。

好钢用在刀刃上

思维导读：

企业讲究的是知人善任，好钢用在刀刃上，所以企业需要的不是最优秀的人才，而是最适合的人才，这样才能让所用之才找到适合自己的位置，有效避免了人力资源的浪费。

“好钢用在刀刃上”是中国的一句俗语，意思是说：人力、物力和财力应该用在最恰当、最需要、最紧急的地方，这样才能产生最大的价值。

所谓“物尽其用，人尽其才”，好东西就应该放对位置，才能发挥其最大能量；人才也应该用在最恰当的位置，才能彰显其才能。

刘邦能够完胜项羽，一手建立大汉王朝，原因就在于他懂得“人尽其才”的用人之道。

大汉王朝建立3个月后，刘邦曾在洛阳南宫举办一场盛大的庆功宴，并在酒酣耳热之时说：“夫运筹帷幄之中，决胜千里之外，吾不如子房；镇国家，抚百姓，给馈饷，不绝粮道，吾不如萧何；连百万之军，战必胜，攻必取，吾不如韩信。此三者，皆人杰也，吾能用之，此吾所以取天下也。”意思是说，论军事谋略，他比不上张良；论治理国家，他比不上萧何；论带兵打仗，他比不过韩信。这三者都是当时的人杰，而他有幸能够重用他们，这便是他赢得天下的主要原因。可见，刘邦制胜的关键就在于“人尽其才”，知人善任，让自己的下属去做最适合自己的事情，充分调动和激发他们的潜能，让其才能得到最好的发挥。

现代管理学上有一条著名的定律，那就是“没有平庸的人，只有平庸的管理者”。

企业讲究的是知人善任，好钢用在刀刃上，所以企业需要的不是最优秀的人才，而是最适合的人才，这样才能让所用之才找到适合自己的位置，有效避免了人力资源的浪费。

再说一说“物尽其用”，它原意是说各种东西都有可用之处，都要尽量利用，也就是充分利用手中的资源，一点也不要浪费。

举一个很简单的例子：一位卖豆腐的人说自己是世界上最幸福的人，别人问他为什么，他十分得意地说：“当豆腐卖不出去的时候，我就打磨豆浆卖；豆浆卖不出去的时候，我就做成豆腐卖；假如还是无人问津，我就把豆腐晒干了，卖豆腐干；若依旧不行，我就做成腐乳卖……”

从豆子到腐乳，其间经历了一个物变的过程，无论是豆子、豆浆、豆腐或腐乳，都有它的用途与价值。通过这位卖豆腐者的巧妙构思，却化无用为有用，化腐朽为神奇，这便是典型的“物尽其用”。

哈佛大学教授哈恩曼曾经说过：“即使你再羸弱、再贫穷、再普通，你仍然拥有别人羡慕的优势。对于梦想成真的人来说，不是缺少才能，而是缺少对自己才能的发现，缺少对自己人生价值的开发利用。”

所以，我们不仅要学会“人尽其才，物尽其用”，还要善于发现自身的优势，准确地给自己定位，找到适合自己发展的方向，成为真正的“好钢”。

有的人自我定位能力较弱，甚至缺乏“自知之明”，要么过高地定位自己，要么过低地定位自己。如何能够处理好自己与他人、自己与周围环境的关系呢？

一个人的价值是多方面的，除了自身的价值以外，还包括他在社会与人生中的相关价值。因此，在给自己定位之前，最好能够对自己的总体价值有一个客观而全面的把握，比如你本身拥有怎样的才能、技术或者经验，它们可能创造出哪些价值等。

世界上的每一个人都有不如别人的地方，同样也在某些方面超过所有的人。

在举重方面，有多少人能够比过保罗·安德森；在舞蹈方面，有多少人比依莎多拉·邓肯更厉害；在掷铅球比赛中，又有多少人能够超过帕里·奥布莱恩……

你知道自己永远无法超过他们，可是你并不为此而产生自卑感，也没有因此觉得自己不行，甚至觉得自己是一块废料。如果你总是考虑别人的想法，总是用别人的标准来衡量自己，那么只会生活在别人的阴影之下，而无法让自身的光彩得到释放。

所以，我们要做自己，把自己放在适合的“刀刃”上，而不是用别人的标准限制自身的发展。

凡事要留有余地

思维导读：

充满挑战、风险和机遇的21世纪，我们每个人的生活、工作、娱乐和思维方式都面临全新的变化，在这样一个瞬息万变的环境中，想要谋求发展，就要学会深思远虑，防患于未然。凡事留有余地，也是给自己留有退路。

《曾国藩家书》中有这样一句话："平日最好昔人'花未全开月未圆'七字，以为惜福之道、保泰之法莫精于此。"意思是说，凡事要留有余地，就像那些含苞待放的花儿和将圆未圆的月亮，让人感到踏实和安心。这不仅是一种处世之道，更是一种顶端的商业思维。

当年，曾国藩兄弟带领湘军，直捣太平天国的南京城，立下赫赫战功，前途一片光明。然后，他们懂得见好就收，在接近圆满顶峰之际选择了急流勇退——立下首功的曾国荃辞官回了老家，曾国藩也立马将湘军裁撤遣散，因为他们知道功成身退才是保泰大道。

曾国藩一直推崇"保泰"的思维，他曾将自己的书房命名为"求阙斋"，"求阙"便是保留一点缺憾的意思。

现实中，人们却很少有这样的思维觉醒，总是得陇望蜀，而不是见好就收。

经营企业也是同样的道理，最典型的例子便是著名企业家松下幸之助提出的"水坝理念"，即企业必须在设备、资金、库存等方面都留有余地，才能从容应对未来可能出现的任何情况。

"留有余地"可以从两个方面去理解：一是给自己留有余地，让自己言不至于极端，行不至于绝境，进退自如，灵活地处理各种事务、各种问题以及复杂的人际关系；二是给他人留有余地，不能断尽他人的出路，不能敲碎他人的饭碗，不能让他人无路可退。

中国有一句俗话：“利不可赚尽，福不可享尽，势不可用尽。”

这样的思维不仅适用于古代社会，现代商业社会也同样适用，尤其是充满挑战、风险和机遇的21世纪，我们每个人的生活、工作、娱乐和思维方式都有各种全新的变化，在这样一个瞬息万变的环境中，想要谋求发展，就要学会深思远虑，防患于未然。凡事留有余地，也是给自己留有退路。

《菜根谭》中写道：“天道忌盈，业不求满。”同样是告诫人们“凡事留有余地”。

如果做到了，则“造物不能忌我，鬼神不能损我”。如果没有做到，则“若业必求满，功必求盈，不生内变，必招外忧”。

放眼当今社会，因为贪欲太大而锒铛入狱的官员和拼尽全力最后血本无归的企业家不胜枚举，他们不就像是中国古代传说中的饕餮吗？永不知足，永不给自己留余地！

每个人都有自己的追求和欲望，这是无可厚非的，但欲望过大则会产生可怕的反作用力。现实生活中，有人因为吃得太饱而失去了健康，有人因为爱得太满而失去了恋人，有人因为付出太多而一无所获，有人因为太过执着而陷入绝境……

生活、工作及社会交往中，很多事情都讲究“八分哲学”，饭吃到八分，话说到八分，爱一个人也爱到八分，这样才能让自己有回旋的空间。正如中国画讲究“留白”，做人、做事讲究“留有余地”，太满太亏都不是最好的处世之道！

集中优势兵力

思维导读：

“优势理论”告诉我们，要集中优势兵力，努力让自己的长板更长，而不是一味地去弥补自己的短板。

“每个人都拥有自己的优势与劣势。在竞争中，我们应该把精力放在如何发挥自己的优势上面，而不是一味地弥补自己的短板。如果不懂得避开自己的劣势，更不懂得发挥自己的优势，就等于拿自己的短处与别人的长处对比，这样的做法如同以卵击石……”

这是美国著名的盖洛普公司提出的“优势理论”。它明确地指出：一个人能否取得成功，关键就在于他能否避开自己的短处，并且充分发挥自己的优势。

不过，在现实生活中，大多数人都把目光放在自己的缺点上，从而暴露更多的劣势，并且在传统观念的影响下，花费大量的时间和精力去弥补自己的缺陷。

“优势理论”告诉我们，要集中优势兵力，努力让自己的长板更长，而不是一味地去弥补自己的短板。

你知道自己的优势是什么吗？

很多人都不知道如何准确地描述自己的优势，比如“我的优势就是动手能力强”“我的优势是擅长计算”“我的思维十分敏锐”等。这样去描述自己的优势显得十分笼统，一点也不具体，想了半天也不知道他的优势究竟是什么。

所以，在描述自己的优势时，一定要知道自己的天赋是什么，拥有哪方面的知识和技能等。这样的描述才是一个完整的描述，能够让别人清楚地知道你的优势。

如果你想更清楚明确地描述出自己的优势，可以从以下几个方面入手：

第一，自己做过最成功的事情。

所谓优势，就是那些能够体现出自身能力的事情，而成功最能够显示出自己的能力。有的人将“优势”定义为“自己最擅长的一件事”，这没有什么不对，可并不完整。

它似乎遗漏了某些部分——人们更多关心的并不是自己的过去，而是自己的未来。

所以，我们的优势应该是指自己在哪些方面最具有创造力，哪些方面可以有进步的空间，哪些方面会影响到自己一生的成就……所以，优势就是在自己擅长的领域获得成功。

第二，有的优势就像“天赋”一样存在于你的直觉里。

你自己也说不清楚，自己总会被一些事情所吸引，而且在做这些事情的时候，会感到游刃有余。哪怕之前从未接触过，但做起来却十分顺心，在很短的时间内便能有所成就。这样的事情很难去解释，却时常会发生。

第三，有的优势会让你获得成长。

虽然你在某些领域获得了一定的成就，某些方面的能力也有所提升，但这些“成长”并没有给你带来快乐。

所以，你的优势应该是自己喜欢的事情，就像兴趣爱好一样，无论是阅读、写作、绘画，还是其他一些事情，你都能够从中发现不同的技巧，不断改进自身，获得成长。当然，这些事情也需要你付出努力，只是由于乐在其中，而显得不用吹灰之力就可以完成得很好。

第四，优势会给你带来无与伦比的成就感。

当你出色地做完一些事情，或者完成某个作品之后，身体也许会很疲惫，甚至不能重整旗鼓再来一次，可心理上却感到十分满足，有一种无与伦比的成就感，会认为自己做的是一件最正确、最有意义的事情。这件事情便是你的优势所在——能让你产生成就感，并且自发式地不断提升自我，获得更高的成就。

著名作家拉塞尔·H. 康威尔曾经说过：“世界上至少有百分之九十五的

人，觉得自己不如别人，他们没有成功和幸福的根本原因，就是习惯用别人的标准去衡量自己。”

世界上的每一个人都有不如别人的地方，同样也在某些方面超过所有的人，只要能够集中优势力量，努力发挥自己的优势，就能成为最终的人生赢家。

复利是世界第八大奇迹

思维导读：

复利效应能够给我们的思维带来巨大的启发，比如让我们更加相信时间的创造力，更加相信坚持的最后就是从量变到质变的转化。

当我们提到“复利”这个词时，最先想到的两个人是爱因斯坦和巴菲特。

爱因斯坦说：“复利是世界第八大奇迹。”

尽管有学者认为这句话并非出自爱因斯坦之口，但因为年代久远，早已无据可查。

巴菲特说：“人生就像是滚雪球，重要的是要找到很湿的雪和很长的坡。”

两位名人所说的“复利”究竟是什么呢？

所谓复利，最通俗、最简单的解释就是利滚利，即将上一次的利息计入本次本金，本次的利息以上一次的本金和利息之和来计算。

复利效应不仅应用在商业投资上，更体现在人生中。按照复利的计算方法，利息除了会根据本金计算外，新产生的利息同样可以产生利息。

所以，计算利息的周期越是密集、年限越是久远，复利效应就会越明显，财富增长的速度也越快。那么，作为普通人，应该如何像企业家一样利用复利效应呢？

投资上的复利效应

投资并不是富人才做的事情，只要有一定的收入，都应该尽早学会投资。如果我们的思想过于保守，只知道选择银行定存，那么在银行降息时必然会影响到复利效应。

因此，我们要尝试运用其他适当或者拥有较高收益的投资方式，对资产进行合理的投资规划，最好不要让资金躺在同一个账户中。

只有让投资多样化，才能让风险分摊，并获得较高收益。

知识上的复利效应

每天坚持多学习半个小时，可能一两天没有太大的差别，但是一两年后却有天壤之别。

正如作家马尔科姆·格拉德威尔在《异类》一书中写道："人们眼中的天才之所以卓越非凡，并非天资超人一等，而是付出了持续不断的努力。10000小时的锤炼是任何人从平凡变成世界级大师的必要条件。"

这便是著名的10000小时定律。所谓滴水穿石，非一日之功。如果你想成为某个领域的专家，也要在这个领域坚持工作10000小时左右，这样便能迎来复利式提升。

人脉上的复利效应

相传韩信小时候家里很穷，总爱跑到邻居家蹭饭吃，因此十里八乡的人都不喜欢他。

有一次，他饿了好几天，遇到一位洗衣服的老大娘。老大娘见他饥肠辘辘的样子，便从家里拿了食物给他吃。韩信感激万分，并许诺日后发达了一定好好报答。多年以后，韩信当了将军，回到家乡第一时间就去看望那位老大娘，并且还送上了一盘金子。

类似这样的故事，在现实中也屡见不鲜。这正是人脉复利最好的体现。

有时不经意间的利他行为，却改变了对方的人生轨迹。这份恩情在时间的长河中慢慢发酵，最后被无限放大，这便是人脉的复利。

健康上的复利效应

我们身体健康同样可以运用到复利效应，比如每天锻炼半小时，一两天可能看不出身体素质提高多少，但常年坚持下来，我们的身体就会变得比普通人强壮很多。

著名作家村上春树曾写过一本关于跑步的书，名叫《当我谈跑步时我谈些什么》，书中记录了村上春树的"跑步生涯"。他坚持跑步35年，从夏威夷的考爱岛到马萨诸塞的剑桥，从日本村上市参加铁人三项赛，到踏上希腊马拉松长跑古道……

正是因为他坚持跑步，所以产生了复利效应，即使到了晚年，他的身体素质依旧很好。健康的复利也为他的写作生涯打下了坚实的基础。

复利效应能够给我们的思维带来巨大的启发，比如让我们更加相信时间的创造力，更加相信坚持的最后就是从量变到质变的转化，而在经营人脉时，永远不要忽略任何一个小人物。

时刻保持危机感

思维导读：

在渐变的适应性和习惯性中，人最容易出现麻木状态，就像温水煮青蛙一样，最终失去警觉和反抗能力。而当危机感突然出现时，我们早已失去了反抗的能力。

哈佛商学院教授理查德·帕斯卡尔说过："21 世纪，没有危机感才是真正的危机。"

然而，现实中绝大多数人总是习惯抱着最大的希望生活，很少会做好最坏的打算，更不愿意把危机感从安全感的牢笼中释放出来。

尽管人们都知道"生于忧患，死于安乐"的道理，可是人们却又总是躲在自己营造的安全又安逸的小世界中不愿意出来。

在渐变的适应性和习惯性中，人最容易出现麻木状态，就像温水煮青蛙一样，最终失去警觉和反抗能力。而当危机感突然出现时，我们早已失去了反抗的能力。

什么是危机感呢？

危机感就是在事态上令人感到危险，感觉到有事物威胁到自身，并为此紧张的一种情绪状态。当危机感来临的时候，我们必须对现状作出改变，鼓起勇气，迎接挑战。尤其是在"生死存亡"的危机感面前，人的潜能更容易被激发，人的勇气也会暴涨，甚至会无所畏惧。

正因为如此，古人才会将"置之死地而后生"当成兵法的精髓之一。

在瞬息万变的现代社会，竞争无处不在，无论我们从事什么职业，社会地位如何，人脉关系怎么样，都会时时产生危机感。

因为身边的人都在努力奔跑，如果我们稍有松懈，就有可能被社会淘汰。危机感不仅会给我们带来压力，也会给我们带来动力。

如果没有危机感，人就不会努力奔跑，事业和生活就会失去厚重感，进而让人安于现状，不思进取，失去创造力。

当然，危机感可能并不是现实中的危险或逆境，而仅仅只是一种心理状态。聪明的个人、企业家甚至国家领导人，都善于在逆境中勇敢面对危机感，并且在顺境中保持忧患意识。

海尔创始人张瑞敏时常会说："每天的心情都是如履薄冰，如临深渊。"

华为领导者任正非曾说："如果一个公司真正强大，就要敢于批评自己，如果是摇摇欲坠的公司根本不敢揭丑。正所谓'惶者生存'，不断有危机感的公司才一定能生存下来。"

百度的李彦宏也强调说："如果我们做得不够好，就有可能陷入很被动的地步。所以，我一直跟员工讲，百度离破产只有30天。别看我们现在是第一，如果你30天停止工作，这个公司就完了。这个市场变化非常快，之所以大家看好这个市场，就是因为它的成长速度非常高，成长也是变化的一种，如果你不能及时把握市场需求的变化，就会被淘汰掉。"

这些身经百战的企业家都深知缺少危机感的后果。我们每个人的内心也都需要适度的危机感，使自己保持进取的斗志，保持人生开放的胆量。

《财富》杂志曾对排名前500强的大企业董事长和CEO做过专项调查，结果表明：80%的被调查者认为，现代企业面对危机，就如同人们必然面对死亡一样，已成为不可避免的事情；其中有14%的人承认，曾经受到严重危机的挑战。

这说明现代企业时常处于"危机"之中，就个人而言，危机感却不经常降临。尤其是在渐变的适应性和习惯性中，人最容易出现麻木状态，最终失去警觉和反抗能力。

人们总是习惯抱着最大的希望生活，而不知道做好最坏的打算。

尽管人们都知道"生于忧患，死于安乐"的道理，可是人们却又总是躲在自己营造的安逸小世界中，意识不到危机的存在。

一个人在面对危机时的表现是好是坏，能够显出他内心的格局是大是小。

有的人在大风大浪面前仍旧岿然不动，有的人却像惊弓之鸟，总被未知的恐惧所俘虏。在面对同样的困难时，格局大的人总能找到解决的方法，格局小的人却只看到失败的影子。

在预想事情的结果时，要用最大的希望去做最坏的打算，以此彰显内心的大格局。

如果总是把事情想得太美好，以为所有的事情都会向好的方向发展，当最坏的结果出现时，人们往往难以接受。这就是所谓的希望越大，失望越大。

因此，在抱着最大的希望的同时，也要做好最坏的打算。

这样，当最坏的情况出现时，你才能从容应对，不至于手忙脚乱。

没有维持现状这回事：冒险

思维导读：

很多人在预测风险的时候之所以会出现偏差，最主要的原因就是想“避免损失”，因为在所有人的认知里，损失所带来的伤害要远远大于获得所带来的快感。

很多人都有一个根深蒂固的观念——只有稳定的工作、稳定的收入、稳定的地位、稳定的关系，才能让自己过上稳定的生活。

于是，他们习惯于维持现状，一直生活在自己营造的舒适区内，远离困境、不安和焦灼，也从来不会主动去冒险。

如果能够一直维持现状，让自己处于“稳定”的状态中，当然是好事。可世界上哪有一成不变的“稳定”呢？我们的工作、收入、地位、关系，随时随地都在发生变化，任何一次崩溃都有可能让我们的人生走向低谷，所以这个世界上根本没有维持现状这回事，想要通过“稳定”获得“安全感”，更是掩耳盗铃般的自欺欺人。

因此，我们要学会改变，学会冒险，学会走出自己营造的舒适区。这样才能提升自我，在危机来临时从容应对。

事实上，我们做任何事情都有成功与失败两种可能性，如果失败的可能性更大一些，却仍旧要去做，那就变成了一种冒险。

可问题是，我们很难分清一件事情失败的可能性有多大，所以我们在做这件事情的时候，也需要承担一定的风险。

从心理学角度来看，人们总是习惯于高估后果，无论好事、坏事都是这样。

为此，哈佛大学的心理学教授吉尔伯特曾说过：“很多事件的最后结果都会让人失望，因为它所带来的快乐程度并没有我们想象中那样强烈、那样持久。”

很多人在预测风险的时候之所以会出现偏差，最主要的原因就是想“避免损失”，因为在所有人的认知里，损失所带来的伤害要远远大于获得所带来的快感。我们在预测风险的过程中总是想避免一切损失和错误，可是有的损失和错误却不可避免，否则便没有风险性。

不可否认，无论你是否愿意冒险，你做的每件事情都伴随着一定的风险性。

假如你不想承担任何风险，大可不必走出家门，也不要去上学、工作、乘车、谈恋爱，甚至不要吃饭、喝饮料、游泳。

不过，即使你一直待在家里，也有一定的风险性。比如有的员工做事总喜欢听从老板的安排，或者只做那些不会给自己带来困扰、不容易出现纰漏的事，并且以为这样就可以规避一切风险。可事实上，由于等待、推迟、不作出任何决定，却给自己带来了更大的风险。

可见，在评估风险的过程中，人的心理弱点也扮演着一个重要的角色。通常情况下，我们会高估发生在别人身上的坏事的风险，而将坏事发生在自己身上的可能性大大缩减。

为什么大多数人都不愿意冒险呢？

这是因为人类的大脑至今仍然存在这样的意识——离开自己熟悉的场所是很危险的。

害怕未知事物是人类的本性。比如在原始时代，人们就开始害怕未知事物，比如原始人离开自己的洞穴去到未知的场所就是一件很危险的事情，因为不确定能否找到食物，也不知道会遇到什么样的凶兽。

英国神学士詹姆士·里德说：“人类的许多恐惧都来自对这个世界的不理解，来自对这个世界对于人类的控制。为了让人生变得更加完满，人类就必须去获取控制恐惧的力量。”

现代社会快速发展，人类文明加速进程，世界始终处于变化之中，只有顺应变化才能处理好一切事物。这种变化和所有的“稳定性”都格格不入。它会打破所有稳定的状态，会让一切稳定的事物变得越来越不稳定，同时它也会帮助我们突破圈层，获得创新与成长。

我们无法用陈旧的思维去判断未来，也无法以稳定的当下来判断变化，所以维持现状并不是一件好事。

只有敢于冒险、“当变则变”的人，才能从新时代脱颖而出，因为他们懂得顺应变化，懂得作出明智的选择，在危机和风险面前依然从容自若。

高估自己的思维怪圈：过度自信理论

思维导读：

无论是做投资、做决策、作自我评价，还是做其他事情，都应该避免过度自信，对于信息我们应该保持客观公正的分析能力，不过分乐观，也不过分悲观。

人应该有自信地活着，但自信不能过头，否则会让自己变得盲目。正如哲学家罗素所说："在现代世界里，愚蠢的人总是自信满满，而聪明的人却充满疑问。"

很多人都曾有过"自信过头"的情况，在做决策时高估自己完成任务的能力，而且这种高估会随着人在任务中的重要性而增强，其中多数人会对未来事件抱有不切实际的乐观性。心理学家昆达早在 1987 年便发表论文指出："人们期望好事情发生在自己身上的概率高于发生在别人身上的概率，甚至对于纯粹的随机事件有不切实际的乐观主义。"

为什么有的人会过度自信呢？

首先，过度自信与信息积累有关。

每个人都会通过知识和认知去理解世界，同时又会被"个性化"的认知体系所限制，掉进自我的世界里，这就是所谓的"一厢情愿""自己想当然"。

造成这种状况的主要原因就是：人所获取的信息量在不断增加，人的能力却不一定有所提升，当信息量积累得越来越多，而能力没有随之提升时，就会产生过度的自信心。

现实世界中经常会出现这样的现象，比如一个人在取得一定的成就后，就会误以为自己取得成就的方法适用于任何领域，可事实上，这些方法放在其他领域并不适用。

早些年的摩托罗拉、柯达等商业巨头，也是因为沉浸在成功的海洋中，过度自信，而忽略了海洋之外翻天覆地的变化，最终被商业的浪潮所卷走。

再比如经验丰富的桥牌运动员，在叫牌的时候往往比缺乏经验的桥牌运动员更自信，可他们时常无法赢得自己本可以赢的牌局，因为他们很容易在自己最熟悉、最有把握的情况下疏忽大意。

其次，过度自信还与“证实偏见”有关。

什么是“证实偏见”呢？就是人倾向于寻找和自己信念一致的意见和证据。比如有一个人喜欢看科比打篮球，并且对科比参加的每一场比赛都充满信心，就算科比哪次比赛失误了，他也会找到各种理由为科比辩护，而不会寻找与自己观点相悖的证据。这种行为就是“证实偏见”，它会让人过度自信，因为它只让人看到对自己有利的信息，让人们更加乐观地相信自己的判断，而不去思考事实到底是什么。

过度自信是很多人的通病，如果事先不知道这个病症，很容易走入“自以为是”的怪圈。

无论是做投资、做决策、作自我评价，还是做其他事情，都应该避免过度自信，对于信息我们应该保持客观公正的分析能力，不过分乐观，也不过分悲观。这就需要我们随时反思、质疑自己的自信，让自己尽可能地保持理智。

全球最大对冲基金桥水基金的掌舵者雷·达利奥曾经说过：“无论我们对自己的观点有多自信，都应该寻找那些不同意我们看法的聪明人去讨论。”这是自我反思的最好方法。真正的自信，应该用自己的实力去说话，而不是盲目自信。

生意，就是在不可能中找出可能

思维导读：

当生活中有了不确定性，就成了“一切皆有可能”，因为谁也不知道最终答案，好或者坏各占一半，这才让我们有了拼搏的动力，这也是我们希望的来源。

在我们地球人眼中，马云就像是来自火星的“异类”。

他的思维和行为，总是让人捉摸不透。他还有一个绝活——单手倒立，用一只手支撑着身体，倒立好几分钟而面不改色。他不仅自己练习倒立，还鼓励员工练习倒立。

他说：“倒立看世界，一切皆有可能！”

这也是马云的商业思维之一：做生意，就是在不可能中找出可能。

如果你认为一件事情已经不可能了，即使它存在可能性也会被泯灭掉；相反，如果你认为一件事情存在可能性，那么再小的可能性都有可能换来巨大的成功。

我们对于事物的看法，远比事物本身更重要。

为什么同一个事物，在不同的人看来，会有不同的可能性呢？

这主要还是和每个人的思维模式有关。

美国斯坦福大学的卡罗尔·德韦克教授在《终身成长：重新定义成功的思维模式》一书中，将人的思维模式分为两种：一种是固定型思维，另一种是成长型思维。

固定型思维者认为，人的能力是先天的、不变的，失败是因为自身的能力有限。他们不愿意接受挑战，不愿意接受改变，不愿意发掘生活中充满可能性的事物，而只做自己认为有能力完成的事情。

成长型思维者则认为，人的能力和智力是可以不断提高的，做任何事情都离不开自身的努力。他们喜欢接受挑战，不畏惧困难，懂得在批评和失败中总结经验，通过不断完善、不断提高自己，来获得成长与进步。他们注重激发自己的潜能，认为未来充满了可能性！

在两种思维模式的影响下，往往会出现两种不同的结果：故步自封和不断进取。

现实生活中，大多数人都是固定型思维者。他们习惯于自我设限，忽略未来所有的可能性，认为世界就是如此，生活就是如此，自己的人生也不过如此。他们喜欢安定，害怕改变，满足于自己的“小成就”，也从来没有想过自己能有多大的作为。

在这种思维模式的影响下，再多的可能性也变成了无用的泡沫。

而在成长型思维者眼中，世界又是什么样子呢？

美国作家 J. 布洛克曼写过一本名为《未来 50 年》的畅销书。这本书汇集了世界上最有远见的科学家们未曾发表过的 25 篇文章，内容包括未来 50 年后的天体物理学、数学、心理学、计算机技术等领域的发展。

这些科学家便是成长型思维者，他们笔下关于未来的可能性，也许会远远超乎你的想象，比如书中有一篇文章指出，未来 50 年可能会诞生“非生物智能”，也就是肉体与机器的结合体，这种天马行空的想象却是有一定的科学依据的，而非天方夜谭。

关于未来，人们只能去想象、去推测，却难以给出确切的定论。因为不可定论，所以就有了各种可能性。

什么是可能性呢？就是事物发生的概率，包含在事物之中并预示着事物发展趋势的量化指标，是客观论证，而非主观验证。在任何一个关于可能性的故事中，人们都是奇迹的缔造者，一切皆有可能，只要将想象建立在科学的基础之上，甚至超越科学的边际。

霍金曾经对宇宙的未来作出这样的预测：“宇宙未来有两种可能性：一是继续膨胀下去，一是收缩以至于坍缩成一个点。”

无论霍金的观点是否正确，都足以说明人类科学的视角已经延伸至遥远的宇宙未来——现今人类可观测到的宇宙，可能只是冰山一角，这也是关于宇宙的可能性。

根据现在人类所掌握的科学可以知道：138 亿年前宇宙诞生；46 亿年前地球诞生；而人类存在的时间不过区区数百万年，与 138 亿年和 46 亿年相比是微不足道的。

未来存在太多的可能性，没有科学理论能将其否定，同样也没有任何证据可以证明它一定会发生。正是因为各种可能性的存在，才让人类科学有了不断发展、不断进步的空间。

回到现实生活中，事物的可能性体现得更为明显，凡是未来将发生的，我们无法准确预知的事物，都充满了可能性。比如明天的面试能不能通过，接下来的约会是否愉快，相亲的对象是否符合自己的标准，等等。生活中绝大多数事物都具有可能性。

著名心理学家阿德勒在《自卑与超越》一书中写道："生活中的不确定性，正是我们希望的来源。"这位心理学家身有残疾，并且曾因此而感到自卑。他发现生活中的不确定性能够给人带来希望，因为每个人都有超越自卑的潜能。

当生活中有了不确定性，就成了"一切皆有可能"，因为谁也不知道最终答案，好或者坏各占一半，这才让我们有了拼搏的动力，这也是我们希望的来源。

第四章

博弈思维：像政治家一样思考

没有实力的愤怒毫无意义：重复博弈

思维导读：

无论对于国家还是个人来说，如果没有足够强大的实力，其愤怒也只不过是布衣之怒，以头抢地罢了，而强大的实力才是重复博弈中一个最重要的因素。

普京说过一句话："没有实力的愤怒是毫无意义的。"

诚然，无论对于国家还是个人来说，如果没有足够强大的实力，其愤怒也只不过是布衣之怒，以头抢地罢了，而强大的实力才是重复博弈中一个最重要的因素。

俄罗斯总统普京在接受美国导演奥利弗·斯通采访时，就俄美开战问题发表言论说："两国若是开战，谁都经受不了，对全世界而言无疑是一场灾难。"

他的回答显示出一个国家的强大实力，表示并不畏惧美国发出的战争威胁，并在正面回应美国挑衅的同时，又对世界的安危感到担忧。

在现今的世界格局下，国家之间的战争是最差的结果，国家之间更需要的是长期合作互利的关系。即使美国以各种理由发动阿富汗战争、挑起中东战争等军事冲突，俄罗斯也没有对美国发起核战争，而是在美国面前展示了自己强大的军事实力并加强部署导弹防御系统以及反导系统，只是向美国示威，表示自己有足够的实力与之抗衡。俄罗斯希望与美国之间的博弈关系是重复博弈而不是单次博弈，希望与美国保持长期的友好合作关系。

什么是重复博弈呢？

通俗来讲就是双方为了各自的长期利益选择合作共赢，达到利益最大化的收益均衡。

国家之间为了长远的利益，往往会签订一些相互制约的公约来保证各方的利益，在重复博弈中即使不存在制约双方的合同或限制性规定，双方也会为了长远的利益始终保持合作关系，在重复博弈中若是出现欺诈或是不公平的行为就会造成博弈结束。

例如，在长期的产品供需关系中，若供方提供的产品存在缺陷，导致需方的利益遭受损害，需方便会停止与供方的合作，结果造成双方的利益都有损失。无论是个体还是国家追求的都是重复博弈带来的长远利益，而不是只考虑眼前的利益。

理解了重复博弈，还要知道如果要达成重复博弈还需要有足够的“资本”，即自己要有足够的实力影响到对方的利益，对方才会坐下来跟你谈合作。

在生活中，我们经常被一些景区的米珠薪桂带来不愉快的经历，即使你再也不来消费，在网络评论上给商家差评，他们也无所谓，毕竟景区商家跟消费者只是单次博弈，即使每人只消费一次商家都是有利可图的，但是若存在商家积累一定量差评就强制关闭门店的规定，就可以减少类似的“宰客”事件。

不管是古代的两国来使，还是如今的外交，既然目标是希望双方能够和平发展，那么就要将可能存在的单次博弈变为重复博弈，只要有一方挑起战争，必然给自己造成损失，只要双方存在某方面的制约平衡，打破平衡就会造成损失，那么双方都会尽量保持这个平衡状态，即纳什均衡。

在如今全球化的世界格局下，任何战争对全世界而言都是一场博弈。

国家要壮大自己需要的不是通过战争掠夺而来的眼前小利，而是各国之间和平发展、互利共存的长远利益，目光短浅的愤怒行径只会招致嘲笑，而真正拥有实力的也不会轻易动怒，如果不准备动武，就不要拿起武器，既然拿起了武器就要有战死的准备。

决胜负不一定靠实力：枪手博弈

思维导读：

在枪手博弈中若相互不知道彼此的实力，强者最好的办法就是先隐藏实力，让弱者认为较强的一方才是他们之中最强的，从而强者和弱者联合先解决了较强的一方，结果可想而知。

一个人的实力并不代表他最终的胜利，懂得实力对比以及正确的博弈策略反而更加关键，学会隐藏实力，韬光养晦反而会取得意料之外的结果。

面对如今的经济体系，善于藏拙、避其锋芒或许是最容易成功的竞争方式，枪手博弈也正是利用了这一点，即使自身能力最差，运用好枪手博弈也能使自己的成功率达到最高。

在多人博弈中，只有学会审时度势，适时选择阵营，在博弈中知己知彼，即使是最差的“枪手”也能在枪战中存活下来。

美团的创始人王兴在团购盛行时并不是先行者，为首的拉手和窝窝团因为相互竞争，急功近利，只注重用户量、抢占市场等，却忽略了用户体验、产品运营，导致用户量逐渐减少，两家企业也随之没落了，而美团在这次团购大战中因为良好的用户体验、优秀的服务质量被广大用户熟知。

在多人竞争中学会隐藏自己，摸清市场规律，厚积薄发往往能获得最终的胜利。

枪手博弈最典型的例子莫过于三国时期蜀吴联合抗曹。蜀吴两国在军事实力上都不及魏国，两国合作却能击溃十万曹军。

在多人博弈中，合作也是增强实力的一种方式。所谓双拳难敌四手，即使再强大的猛虎遇见豺狼群也会避而远之，在博弈中如果自己处于弱势，要想和强者竞争就需要与更多的“弱势群体”合作，要知道螳臂当车绝对没有什么好的结局。

在多人博弈中如果不存在合作关系，就要懂得避其锋芒保存实力，坐山观虎斗方可坐收渔翁之利。在如今的行业竞争中，各行业老板钩心斗角、尔虞我诈，若想在行业竞争中有一席之地，就要识时务，看到同行相互竞争切不可参与其中，要知道水越搅越浑，这时隐藏自己，隔岸观火也不失为一个好办法。

也许有人以这种“小人行径”为耻，大丈夫岂能趁火打劫，置身事外呢！其实在现实的博弈中能够保全自身，在竞争中占据有利地位，适时作出正确的策略也是一种智慧。

在枪手博弈中若相互不知道彼此的实力，强者最好的办法就是先隐藏实力，让弱者认为较强的一方才是他们之中最强的，从而强者和弱者联合先解决了较强的一方，结果可想而知。蒙古联合南宋灭金，蒙古就是利用了这点与南宋结盟，在南宋先遣队伍的引导下歼灭了金军的主力，结果南宋也不敌蒙古军的实力随后覆灭。

在复杂的多人竞争中，人们的主观愿望肯定是保证自身利益的最大化，强者在这场竞争中对别人的威胁较大，肯定是众矢之的了，而弱者因为本身实力对别人的威胁就较小，在这场竞争中就更不容易成为“靶子”。

所以强者要学会示弱来迷惑竞争对手，以退为进，让其他较强的人代替自己成为这个“靶子”，弱者在知道彼此实力的情况下应该帮助较弱的一方或者保持中立，若是不了解彼此实力最好的办法就是不作为。

现实的竞争远比枪手博弈复杂，无论是在工作中还是生活中枪手博弈无处不在，学会隐藏自己，实力并不是决胜负的关键，关键在于面对竞争如何制定正确的策略。

有时候，等待是最好的选择：智猪博弈

思维导读：

如果我们是竞争中的“小猪”，就要客观地认清自己的实力。在实力不足的情况下，千万不要轻易尝试市场上没有的产品，那样所承担的风险太大了。

现代社会大家都在追赶时间，做什么事情都讲究效率，所以排队变成了一件“痛苦”的事情，等待也让人心生焦灼。但在某些时候，我们必须学会等待，尤其是在博弈经济学中。

著名的纳什均衡中有这样一个例子：

我们先假设猪圈里有两头猪，其中一头是大猪，另一头是小猪。

猪圈很长，一头有一踏板，另一头是饲料的进口和食槽。

猪每踩一下踏板，另一边就会有相当于10份的猪食进槽，但是不论谁跑去踩踏板，都会首先消耗2个单位的体力成本。

假设小猪去踩踏板，大猪先到槽边，大小猪吃到食物的收益比是9∶1；同时到槽边，收益比是7∶3；如果小猪先到槽边，收益比是6∶4。

那么，在两头猪都很聪明的前提下，是谁去踩踏板呢？

我们可以在脑海中模拟计算以下场景：当大猪选择行动的时候，小猪如果行动，其收益是1，而小猪等待的话，收益是4，所以小猪选择等待；当大猪选择等待的时候，小猪如果行动，其收益是-1，而小猪等待的话，收益是0，所以小猪也选择等待。

所以说，对小猪而言，无论大猪是否踩动踏板，“等待”都是小猪的占优策略。

再把视角切换到大猪这边，由于小猪有了“等待”这个优势策略，大猪只剩下了两个选择：一、等待，一份也得不到；二、踩踏板，得到4份。所以“等待”就变成了大猪的劣势策略，明知小猪不会去踩踏板，自己亲自去踩踏板总比不踩强吧，所以只好亲力亲为了。

这个例子就是著名的“智猪博弈”。这个理论告诉我们一个简单的道理：如果自己是竞争中的弱势群体，选择等待可能比主动出击更好，无所为有时要强过有所为。小猪（弱势群体）更要学会等待，审时度势，顺势而为，这样才不会被残酷的竞争所淘汰。

事实上，小猪（弱势群体）这种坐享其成的等待策略，就是人们经常说到的“搭便车”。在商业竞争中，“搭便车”的现象也十分常见。

比如当年余额宝刚推出来的时候，大家对它还不算了解，也不敢轻易尝试，后来经过多方推广，大家逐渐知道它其实就是货币基金之后，才慢慢地接受了它。此时，“搭便车”的竞争者才不断涌现，推出了各类“宝宝类”产品。它们等待时机，在消费者对此类产品有了一定的接受度之后再推出，便是搭了余额宝的便车。

当年，滴滴和快的抢占市场风口，在竞争中烧了不少钱。当他们“两败俱伤”之时，神州专车找准时机，推出了高端用车服务，完美地诠释了“智猪博弈”的精髓。

在企业的团队建设中，“智猪博弈”的现象也经常会发生，比如团队的绩效奖励来自团队的集体绩效，作为团队中的“小猪”（弱者）主动劳动，所带来的集体绩效可能十分显著，但是不会得到额外的奖励，所以“小猪”（弱者）会选择等待，而“大猪”（强者）为了得到额外的奖励，只能选择主动劳动来提高集体的绩效，而所得到的绩效奖励又必须和小猪（弱者）分享。所以，在某些特定的时刻，适时地等待才是最好的选择。

如果我们是竞争中的“小猪”，就要客观地认清自己的实力。在实力不足的情况下，千万不要轻易尝试市场上没有的产品，那样所承担的风险太大了。

相反，学会等待，让“大猪”去尝试，看准时机再行动，将更有胜算。

另外，我们还要正确看待自己的竞争对手，尤其是实力强劲的竞争对手，因为他们可能成为我们最好的合作伙伴。

打得赢就打，打不赢就跑：斗鸡博弈

思维导读：

如果博弈双方都能换位思考，那双方完全可以就利益进行谈判，最后造成以利益换取退让的协议，问题就能得到完满的解决。

综观古今中外的战史会发现，但凡善战者，无论对方实力如何，在交战之前都会考虑一下撤退的路线。这倒不是说没有胜利的信心，或者长敌人的志气，而是一种保存实力的谋略。

所谓“敌进我退，敌退我进，打得赢就打，打不赢就跑”，这是军事家总结出的游击战策略，同时也被称为“斗鸡博弈”。

顾名思义，“斗鸡博弈”是指：两只公鸡狭路相逢，谁也不愿意让谁，于是相互啄了起来。你啄我翅膀一下，我啄你脑袋一下，如果继续搏斗下来，肯定会两败俱伤，要么脖子被啄断，要么眼睛被啄瞎，这时候就算分出了胜负，意义也不大了。

因此，最好的结果就是其中一只公鸡“认怂”，选择退让，而另一只则不“认怂”，也不选择退让。这样的结果是“斗鸡博弈”的最佳策略，一方获得了小败，另一方获得了小胜，同时也避免了两败俱伤，可应该由谁先“认怂”呢？

生活中出现“斗鸡博弈”的情况也很多，最典型的例子就是夫妻吵架了。

不管争吵的原因是什么，也不管谁对谁错，争吵的最后总会有人絮絮叨叨选择“认怂”，而另一方获得小胜。除非两个人都失去了理智，非要闹得鱼死网破，否则总会有一方会因为之后过大的代价而选择“认怂”。

其实，在“斗鸡博弈”中，除了“认怂”以外，还可以塑造出一种非理性的形象，比如那些更加蛮横、更不讲理、更不要命的人，往往能够“吓退”对手，让对手有一种“秀才遇到兵，有理说不清”的感觉。

当然，如果博弈双方都不愿意“认怂”，最后可能就会两败俱伤了。

稍有一点理智的人，都能从“斗鸡博弈”中看到另一个重点，那就是“机会成本”。

假如在博弈中自己丧失的机会成本更多，那么就要表现得更加理性一些，主动“认怂”是最好的选择；假如自己的机会成本更少甚至没有，那么就不能选择“认怂”，而应该狭路相逢勇者胜，拼个鱼死网破。

不过，现实中绝大多数人都不愿意面对机会成本的丧失，哪怕只是很小的损失。所以，大多数人都会在“斗鸡博弈”中选择“认怂”，从而让损失降到最小。

现在我们已经知道“斗鸡博弈”中最佳的策略是“认怂”，而不是拼个鱼死网破，那么我们如何在“斗鸡博弈”中以采用“认怂”的方式让自己谋取最大的利益呢？

通常情况下，如果博弈双方都能换位思考，那双方完全可以就利益进行谈判，最后达成以利益换取退让的协议，问题就能得到完满的解决。

因此，在“斗鸡博弈”中，我们应该首先考虑自己得到多少补偿才愿意“认怂”，然后再换位思考，用自己的想法来理解对方，这样就不容易出现两败俱伤的局面了。

让对手知道你的决心：基辛格威慑

思维导读：

最好的威慑强调“软”与“硬”相互配合——虽然“软”威慑的方式有很多种，但如果缺少“硬”威慑的火力杀伤，仍旧显得力不从心，甚至给对方虚张声势的感觉。

在政治、军事博弈中，经常会用到的一种“手段”就是威慑对手，让对手知道你的决心。

诸葛亮以一座空城的威慑力逼退了司马懿十五万大军，让西城脱离危机，这便是“威慑战术”最典型的例子。

古今中外的政治家、军事家对于“威慑战术”都有不同的理解，其中最著名的是“基辛格威慑”——美国外交家、国际问题专家亨利·基辛格对于“威慑”的定义是“源自我们的能力决心以及对手是否相信我们会用能力和决心去威慑”。

在“基辛格威慑”战略中，信念是解决问题的核心，假如对手并不相信我们有能力阻止其战略，那么对手就没有受到威慑。基辛格无数次强调指出，威慑来自能力、决心和信念的相乘而不是相加，其中任何一个因素为零，都会让威慑失去意义，比如自身的能力不足，信念不够坚定，抑或对手误判、蔑视我们的能力等。

简单来说，“基辛格威慑”有三个重点：一是实力，自身实力不足，一切都是空谈；二是决心，没有决心，实力也形同虚设；三是让对手知道你的决心，这才是威慑的关键所在。

我们可以从宏观的理论上去理解威慑战术，也可以从微观的战略上去理解威慑战术，伊拉克战争和科索沃战争都能充分说明威慑战术起到的重要作用。

2003 年 3 月，美国对伊拉克首都实施大规模的轰炸，让伊拉克民众陷入一片恐慌之中，其威慑力极其强大。后来世界各大媒体将这次轰炸行动称为“威慑战术活生生的实例”。

威慑战术仍旧是当代政治、军事、商业甚至个人博弈中广泛应用的策略，虽然有的威慑行为显得野蛮不讲道理，但使用得当的话，确实可以威慑、压迫到对手，从而达到预期目的。

威慑可以来“硬”的，比如美军的大规模轰炸行动，但也可以是“软”的。

“软”的威慑主要针对敌人的认知体系和心理防线，让敌人的认知发生混乱或者心理产生恐慌。如果敌人的心理崩溃，突然觉得之前认为正确的东西其实并不正确，便起到了“软”威慑的作用。如何才能做到这一点呢？

第一，通过媒体战实施心理威慑，诋毁敌方领袖人物，让其丧失公信力。

第二，通过新闻发布会或定向广播，大肆渲染战争中己方的战果，以及敌方的惨败，让敌方参战者心理防线崩溃，失去作战意志。

第三，破坏平民生活基础设施，激发民众的恐惧感和厌战情绪，提升民众期望战争早日结束的情绪。

举一个现实的例子：在阿富汗战争中，美军在投下大量炸弹的同时，也投下了大量食品和传单，在传单上历数拉登组织的“恶行”，并且许诺说“只要能提供恐怖分子的行踪，将保证举报者的人身安全，并给予重酬”。其实美军这样做，也是想通过“软”威慑达到自己的作战目的。

在现代博弈中，威慑强调的是“软硬兼施”，以硬强软，以软促硬。威慑过“硬”，显得野蛮不讲道理；威慑过“软”，又显得没有实力。

所以，最好的威慑强调“软”与“硬”相互配合——虽然“软”威慑的方式有很多种，但如果缺少“硬”威慑的火力杀伤，仍旧显得力不从心，甚至给对方虚张声势的感觉。

只有将强大的心理“软”威慑和实战“硬”威慑有机结合，才能以最小代价和最短时间达到战略战术目标。

当然，威慑战术并不是政治家、军事家、企业家的“专利品”。我们应该触类旁通，将它运用到商场、职场及个人博弈中——让对手知道你的实力和决心，自然会威慑到对方。

背叛，也是有价格的：囚徒困境

思维导读：

人们需要从个人利益和集体利益中作出选择时，绝大多数人都会选择追求个人利益，哪怕这样做会损害到集体利益。

博弈本来是下棋的意思，博弈论既是现代数学的一个新分支，也是现代经济学的标准分析工具之一，并且广泛应用于生物学、金融学、国际关系、政治学、军事战略以及其他很多学科。博弈的基本概念就是在类似于棋局的复杂环境中进行合作或对抗。

现在，我们要了解的是博弈中最基础的模型——囚徒困境。

假设有这样一个情境：

警察将两名一起作案的犯罪嫌疑人关进了两个独立的房间进行审讯，两名犯罪嫌疑人都不知道对方会对警察说什么。

警察对两名犯罪嫌疑人说了同样的话："如果两个人都认罪，各判 5 年；如果两个人都不认罪，各判 1 年；如果一个人认罪一个人不认罪，认罪的人无罪释放，不认罪的人判 10 年。"

面对警察这种坦白从宽、抗拒从严的政策，两名犯罪嫌疑人会说什么呢？如果从上帝视角来看，两个人都不认罪也就是合作包庇对方是最优策略，但囚徒的心理就很复杂了。

囚徒 A 要考虑两种情况：1. 囚徒 B 不认罪，自己如果认罪，自己会被无罪释放；自己如果不认罪，一起被判 1 年；2. 如果囚徒 B 认罪，自己不认罪就要判 10 年，自己认罪就只要被判 5 年。所以这样一想，无论囚徒 B 认罪或者不认罪，囚徒 A 的最优策略永远都是认罪。只要他们足够理性，两个人必然双双选择认罪。

囚徒困境的提出者是普林斯顿大学的数学家阿尔伯特·塔克，他认为当人们需要从个人利益和集体利益中作出选择时，绝大多数人都会选择追求个人利益，哪怕这样做会损害到集体利益。

这也是人性的弱点之一，那就是“人不为己，天诛地灭”，但令人感到尴尬的是，当大家都从利己的角度出发的时候，结果往往是损人不利己。这便是著名的“囚徒困境”。

那么，有哪些方法可以帮助我们摆脱囚徒困境呢？

方法一：增加背叛的成本

如果能够让陷入“囚徒困境”的人知道背叛的成本是什么，最后选择背叛的可能性就会变小。比如两名囚徒都知道对方的住址，可以威胁到对方的家人等。因为背叛的成本太大，所以会选择不背叛。中国历史上著名的文成公主与松赞干布的联姻，其实就是增加了背叛成本。背叛也是有价格的，如果背叛的成本过高，囚徒就不会选择背叛了。

方法二：引入第三方

如果能够引入第三方作为外在的监督者，同样可以降低“囚徒”背叛的可能性。

这也是一种十分常见的商业策略。最典型的例子就是电子商务刚推出来的时候，淘宝卖家不愿意先发货，害怕货发出去之后收不回钱；而买家也不愿意付钱，害怕付了钱之后收不到货。为了解决这种“囚徒困境”，支付宝诞生了。买家可以先把钱打进支付宝，收到货之后，再由支付宝把钱打给卖家。

第三方支付变成一种信用中心，完美地消除了买卖双方背叛的可能性。

方法三：重复博弈

我们可以试想一下：如果将“囚徒困境”放在重复博弈中，那两名囚徒还会相互背叛对方吗？很显然，在第一次陷入“囚徒困境”的时候，他们已经知道自己“上当了”，接下来便会更有默契地选择合作而不是背叛对方了。因为选择背叛弊大于利，倒不如选择彼此合作。

人人都喜欢搭便车：公地悲剧

思维导读：

很显然，相比于道德约束，在“公地悲剧”发生时，建立一个中心化的权力机构更加有效，因为这种权力机构可以通过牧牛成本控制数量或采取其他办法控制数量，从而有效阻止“公地悲剧”继续恶化下去。

我们时常会听到“搭便车”这个词，它的意思并不是指“不花钱坐别人的顺风车”，而是指在一个共同利益体中，不用支付成本而坐享他人之利的投机行为。

中国有一个成语“滥竽充数”，说的是不会吹竽的南郭先生混在会吹竽的队伍里蒙混过关，却拿着和其他乐师一样的报酬。南郭先生的行为就是典型的“搭便车”行为。

生活中这样的例子十分常见，当团体利益共同分享，责任与成本却由团体的每个成员承担时，就很容易出现“搭便车”的投机心理与行为，其根源主要在于人的投机心理：一方面，投机者会告诉自己“就算我不这样做，也会有其他人这样做”，于是抱着侥幸心理搭上了便车；另一方面，由于是公共领域，每个个体的行为难以统计，这也给“搭便车”的人提供了契机。

举一个简单的例子：有三个好朋友约定一起喝酒，每次喝酒每个人都自己带来一瓶酒，然后混在一起共同饮用。这时候，混在一起的酒就变成了“公共用品”，结果如何呢？

下一次喝酒的时候，三个人都带了一瓶水，然后混在一起，三人喝了一口后都愣住，但他们什么都没有说，赶紧把水都喝完。

人人都喜欢“搭便车”，都希望付出最小的代价，从公共资源中获取最大的利益。这种悲剧又称为“公地悲剧”或者“哈定悲剧”。

1968 年，哈定在《科学》杂志上发表了一篇文章，题为《公共地悲剧》。

他在文章中举了这样一个例子：一群牧民面对向他们开放的草地，每一个牧民都想多养一头牛，因为多养一头牛增加的收益大于其购养成本，是合算的，尽管因平均草量下降，可能使整个牧区的牛的单位收益下降。每个牧民都可能多增加一头牛，草地将可能被过度放牧，从而不能满足牛的食量，致使所有牧民的牛均饿死。但悲剧最后还是不可避免地发生了。

那么，有没有什么方法可以阻止“公地悲剧”发生呢？

哈定给出了两个建议：一是从制度上入手，比如建立一个中心化的权力机构，不管这个机构是公共的或者个人的，只要将信息公开化就可以了；二是利用道德约束，一方面执行道德约束，一方面执行非中心化的奖惩制度。

很显然，相比于道德约束，在“公地悲剧”发生时，建立一个中化心的权力机构更加有效，因为这种权力机构可以通过牧牛成本控制数量或采取其他办法控制数量，从而有效阻止“公地悲剧”继续恶化下去。

其实，我们也不必太过担心，因为“搭便车”的人多了，集体的效率和收益便会下降，甚至会损害到集体的利益，这时候“搭便车困境”就出现了。

所以，在安排集体任务时，不妨针对个人按劳分配，这样才不会给“搭便车”的人提供任何机会。就像齐滑王那样，让乐师一个个独奏，此时，习惯“搭便车”的南郭先生就只能卷铺盖仓皇而逃了。

从结果出发思考当下：蜈蚣博弈

思维导读：

那些拥有“以始为终”思维习惯的人，就像打开了人生导航一样，从结果出发思考当下，知道自己的起点在哪里，也知道自己的终点在哪里，这样走下去就不会迷失方向，也能够避免很多弯路了。

“蜈蚣博弈”的提出者是罗森塞尔。由于这个博弈的推导形状复杂，看起来就像一条蜈蚣，所以被命名为“蜈蚣博弈”。

“蜈蚣博弈”的重点就是“从结果出发思考当下”，也就是以结果为导向往回推，这样蜈蚣的第一只脚与最后一只脚就会在百步之后重合……

“蜈蚣博弈”给我们最大的启示就是，遇到难以解决的问题时，不妨从结果出发，一步一步从后往前推导，这样或许更能找到解决问题的办法。

简单来说，“蜈蚣博弈”就是一种“倒推法”。在各种动态博弈中，“倒推法”是一个很有用的工具，因为它符合我们的直觉。

“倒推法”在小学三年级的课本上就学过了，运用到博弈中也同样很简单——假设你 5 年内要种 100 棵树，那么在第 3 年，你应当种下 60 棵树；第 2 年你应当种 40 棵；假设今年已经过了 6 个月了，你还剩下 6 个月，也就是说从今天开始，每个星期，你需要种下 1 棵树。倒推法就是从剩下的时间反推算出每天该做的事。

这样看上去，计划似乎也并不太难。

美国学界的“思想巨匠”史蒂芬·柯维博士在《高效能人士的七个习惯》中提到的第二个习惯便是“以始为终”。这种做事习惯算是“蜈蚣博弈”的升级版，它有两层意思：一是在大脑中构想，二是在现实中行动。

史蒂芬·柯维博士在书中明确指出：先想好结果，然后再去做，过程会变得更容易。

因为“许多人拼命埋头苦干，到头来却发现，追求成功的梯子搭错了墙”。

而那些拥有“以始为终”思维习惯的人，就像打开了人生导航一样，从结果出发思考当下，知道自己的起点在哪里，也知道自己的终点在哪里，这样走下去就不会迷失方向，也能够避免很多弯路了。

所以，在做任何事情之前，先思考一下结果——我想做什么，我要达成什么样的目标？我心中最理想的结果是什么？如此去思考，才不会偏离终点，并且有助于激发自己的潜能。

那么，我们应该如何才能做到“以始为终”呢？

一是遇到事情学会“倒着想”。在生活中，只知道做计划是远远不够的，还必须拥有清晰的目标，要知道自己期待的最终结果，这样才能避免方向性的错误。而“倒着想”能够很好地解决“方向错误”这个问题，因为思维是从正确的方向而来，不存在“走错方向”的问题。

二是先看结果，而不是当下的细节。聪明的人心里很清楚自己要做什么，自己要解决的问题是什么，无论遇到什么事情，都不会忘掉自己的“初心”。而愚蠢的人只会做眼前的事情，只会陷入低质量的“瞎忙”状态中，因为他们不知道自己期望的结果到底是什么。

总之，“以始为终”的倒推思维能够帮助我们更好地把握方向感以及当下应该做的事。

不要落入思维的陷阱：逻辑谬误

思维导读：

世界上最可怕的事情就是毫无知觉——即使有的人掉进了思维的陷阱，却不能自知。所以，我们一定要意识到逻辑谬误的存在，毕竟有些逻辑谬误也是致命的。

在每个人的思维模式中，难免会存在一些逻辑谬误，即不符合逻辑的认知，尤其是在指证过程中不符合逻辑的推论。这些逻辑谬误就像思维的陷阱一样，总是让我们的认知、判断和决策出现偏差，但我们又难以察觉到它们的存在。

逻辑谬误又有形式逻辑谬误和非形式逻辑谬误的区分。下面介绍几种常见的逻辑谬误：

逻辑谬误一：以偏概全

什么是以偏概全？就是当我们看到某些事物所存在的共同特性之后，会很自然地推论出所有这类事物都具有这样的特性，特别是对一些自己不够了解的事物，更容易产生这样的推理。这种错误的推理，就是以偏概全。

比如我们去国外旅游的时候，遇到的第一个荷兰人十分有礼貌，我们就会自然而然地认为所有荷兰人都很有礼貌。

“归纳法”是比较科学的以偏概全，在决策过程中我们也经常会用到这样的“归纳法”。而那些比较草率的归纳法，比如只观察了几个狮子座男人就推论出所有狮子座男人都怎样怎样，这就犯了以偏概全的错误。

逻辑谬误二：妄下定论

妄下定论是指一个人在需要作出结论的时候，如果没有充分的理由，甚至没有明确的理由，就算是妄下结论了。尤其是当我们面对自己已有定见的事物时，最容易犯这种错误。

比如有一个叫露西的小朋友，从小的生活环境让她觉得“只有吃比萨和汉堡才是幸福的孩子，而吃面包和蔬菜的孩子都不幸福”。当这种想法变成露西心中的定见之后，如果某天父母建议她多吃一些蔬菜，她就会觉得自己不幸福了。

想要避免自己出现妄下定论的逻辑谬误，就必须明白妄下定论会以两种形态出现：一是在证据不够充分时，仍然坚信某结论一定是正确的。二是在没有任何证据或者理由时，直接认为某结论是正确的。

我们不能妄下定论的原因，是为了让我们在作出“下结论”的行为时，能够重视查错神经所发出的警报，并且反思自己的结论是否正确，自己是否能够充分找到支持的理由或证据。

逻辑谬误三：框架陷阱

这是人们最容易掉入的逻辑谬误了，比如当你需要根据上级的指示进行某种决策的时候，通常会因为上级一句没有“说清楚”的话，而让自己陷入一个思维框架中无法自拔。这时候上级的指示变成一种限制，你只是在思考自己应该按照上级的指示做些什么，不应该做些什么，而不会去考虑上级的指示是否正确，你是否将上级的意图理解到位。

怎样才能跳出框架陷阱呢？那就要你学会质疑，而不是完全接受。当你掉入框架陷阱之后，不应该被框架所左右，而应该去思考框架本身是否正确。

逻辑谬误四：推不出

“推不出”是指你所掌握的论据能够支持某种结论，却无法充分证明你想要证明的结论。

2014 年美国有 50 起校园枪击案发生，枪支暴力渐渐成为“家常便饭”，所以应该禁止私人拥有枪支。这里的论据能够支撑部分结论，例如“枪支管理工作必须加强”“校园的保护力度必须加强”等，可就论据来说，并不能充分推出“应该禁止私人拥有枪支”的结论。

如何解决“推不出”的逻辑谬误呢？这就需要你分清论据与结论之间的关系，首先检查论据，看它们能够客观地推出怎样的结论；然后检查结论，看它需要怎样的证据来作为支撑。

逻辑谬误五：肯定证据

很多思维陷阱都是相互关联的，比如当你掉入框架陷阱之后，就会努力去寻找一些肯定的证据，来证明自己所相信的东西是正确的。肯定证据的逻辑谬误就是，当你对于某个决定有了一定的倾向之后，就会想尽一切办法来肯定自己的倾向是正确的。如果有些反对甚至逆向的证据出现，你就会自动选择忽略。

当然，以上几种逻辑谬误只是所有逻辑谬误中的“九牛一毛”。我们在生活、工作、学习、创作等多方面都会遇到各种各样不计其数的逻辑谬误。只是，很多时候我们都浑然不知。

世界上最可怕的事情就是毫无知觉——即使有的人掉进了思维的陷阱，却不能自知。所以，我们一定要意识到逻辑谬误的存在，毕竟有些逻辑谬误也是致命的。

第五章

验证思维：像科学家一样思考

尊重事实，一切拿证据说话

思维导读：

尊重事实是每个人都懂的道理，但大多数人却又漠视事实，总是按照自己的思想和自己的情感来理解和认识事物。这样的状态往往会让感性大于理性，让主观大于客观。

科学讲究的是事实，尊重事实就是客观地看待现实，杜绝一切虚假的信息。

人本身就是客观存在物，是社会存在物，也是拥有主观意识的现实存在物。人在客观世界里，会被外在事物影响，因此会产生各种各样的想法，这是正常的，也是必然的。不过，由于主观意识的存在，很多时候我们并不能正确地反映客观世界和客观事物。

因为我们的思想会被主观意识所影响，有时会耽于幻想、脱离客观现实，会不尊重事实。

尊重事实是每个人都懂的道理，但大多数人却又漠视事实，总是按照自己的思想和自己的情感来理解和认识事物。这样的状态往往会让感性大于理性，让主观大于客观。

主观是什么呢？是一个人的心理状态、思想意识等。虽然从根本上来说，主观世界也是客观世界的反映，就像一面镜子一样映出客观世界，但由于经过了大脑思维的整合和加工，于是就存在着符合现实、脱离现实，或者超越现实、歪曲现实等多种情况。

我们应该充分地认识到这一点，减少主观意识上的错误，对待自己、对待他人，始终保持谦虚谨慎、不骄不躁的作风。与此同时，我们还应该自觉发挥主观意识的能动性，通过主观意识去改变客观世界，不断提升自我，不断获得成长与进步！

客观又是什么呢？客观就是真实存在于个体经验之外，存在于个体的感官、理解和想象之外的一切事物。尽管世界对于个体只能“主观”地呈现，但个体的存在无法影响世界的塑造。

客观世界是独立于我们自身之外的世界。在客观世界里，一切都具有真实性。无论客观世界有多么宽广，又有多少事物在发生着变化，也无论我们是否接受和适应，它们对于我们来说，都是最真实的存在。只要我们还是一个思想正常的人，就不会怀疑客观世界的真实性。

我们确定了客观世界的真实性后，看待问题或做任何事情，就会更加自觉地从客观现实出发，更加尊重事实，而不会过分依赖自己的思想观念，更不会以个人的想象和喜好来决定自己的行为。这样一来，我们往往会以客观世界为标尺，来检验自己的思想和言行，并且将犯错的概率降到最低。

从根本上来说，客观世界与主观世界也存在着相互关系，客观世界是主观世界的基础，主观世界是客观世界的反映。但是，主观世界对客观世界的反映，不是机械的、死板的、不变的，也不是完全照抄照搬的，而是随着外界事物和内在心理的变化而变化的。而且，这种反映，往往还是综合的、经过大脑处理的甚至是复杂的歪曲的反映。

这样一来，主观世界和客观世界之间，就会产生差异，甚至让我们产生极度的不适应感。这时候，如果我们能够对照客观世界，不断调整自我，改正错误，仍旧能够与客观世界“和睦相处”，并且与时俱进，跟上时代的步伐。

虽然每个人的主观思维不同，但看到的客观事实基本一样，所以我们更应该尊重事实，一切拿证据说话，而不是总被主观意识所控制。从基本事实出发，才不至于走弯路，因为事实是不变的，也是得到大众认可的，更是追求真理的最后终点。

最后，我们还要提高自己的分辨力，哪些是真正的事实，哪些是虚假的“事实”。真正的客观事实是被大众所认可的，并且可以拿出有效的证据；虚假的“事实”可能同样被大众认可，但不一定能够拿出有效的证据。这样对比一下，我们便能作自己的判断了。

用统计学的眼光看现象

思维导读：

我们更应该学会用统计学的眼光来看待事物。这也是每个人都应该具备的科学精神。统计能够帮助我们获取直观的数据，让我们更有效地对抗记忆错觉。

当记忆和统计学的数据出现偏差时，你更相信自己的记忆，还是相信统计学的数据呢？

我们在对某件事情作出评价或者反应时，都会依赖我们记忆中提取的有效信息，即成功的经验。每个人都对自己的记忆深信不疑，甚至将它当成自己认识世界、处理各种问题的“理论依据”。

不过，美国的心理学家洛夫托斯却说：“我们深信不疑的记忆也不一定真实存在。”

这是怎么回事呢？心理学家研究记忆在质和量上的变化，以及人们的知识经验如何影响对记忆的提取时，发现记忆的内容与事实是不符的，这就是记忆扭曲现象。

这种现象在生活中也十分常见，就算是人们经历了相同事情，也会在各自的记忆中出现很大的差异。所以在现代法庭中通常会采用多个证人的多种证据，而且独立向每个证人提出问题，以此来避免记忆扭曲造成的错误判断。

这样说来，对于我们深信不疑的记忆，也不能完全相信，尤其是当记忆模糊的时候，更应该学会客观地思考，找到更多有关的证据，然后再作出相应的反应。

人的记忆不像影像记忆那样精确和真实，也更容易出现错误，因为人们对之前所经历过的事情的记忆会在一定程度上被后来发生的事情不断修正。

这就是说，我们的记忆都具有重构性，平时我们看到事情的发生，但是在储存记忆的同时，也可能会将虚假的信息同时纳进来。

这些虚假的记忆信息，具有人类认知经验的倾向性，虽然我们觉得自己的记忆如此真实、如此清晰，甚至从来不会怀疑它的客观真相性，不过记忆也并不是那么真实可靠的。

要知道，每天有太多的信息进入我们的记忆中，其中有很多可能是真假信息的综合体。

面对这种情况，我们更应该学会用统计学的眼光来看待事物。这也是每个人都应该具备的科学精神。统计能够帮助我们获取直观的数据，让我们更有效地对抗记忆错觉。

在统计学领域，最著名的便是“福特法则”。

这个法则是物理学家福特在统计过程中的意外发现，然后以自己的名字来命名的。

“福特法则”的最大特点就是反直觉，它指出：只要是我们生活中能够看到的所有数字，比如车牌号、门牌号、商品价格、股份、账单等，在这些数字中出现频率最高的数字是 1 开头的数字，占到所有数字的 30%；而出现频率最低的是 9 开头的数字，只占到所有数字的 4.6%。换句话说，开头的数字越大，出现的频率就越低。

可在大多数人的记忆里，这些数字不都是平均分布的吗？这时候，人的记忆就和统计学的数据发生了偏差，你更相信自己的记忆，还是相信统计学的数据呢？

我们可以用概率学来解释“福特法则”，这也不是什么奇妙的现象。如果你有兴趣，也可以亲自去统计、验证一下。大多数人会感到不可思议，只是因为它违反了普通人的直觉而已。这进一步说明，我们认识、评价和定义某个事物时，不应该过分相信自己的直觉或记忆，而应该具备统计学的科学眼光，用验证过的数据来说话。

大约从 2009 年开始，“大数据”成为互联网信息技术行业的流行词汇。美国互联网数据中心曾发布过一项调查，互联网上的数据每年将增长 50%，每两年便将翻一番，而目前世界上 90% 以上的数据是最近几年才产生的。当然，“大数据”并非只局限于人们在互联网上发布的信息，还包括全世界范围内各行各业产生的少量数据信息。

因此，我们在引用官方数据和知识时，也要与时俱进，选择最新的数据和知识。

科学是可被证伪的

思维导读：

哲学家说：科学不是真理，却在逼近真理。但逼近并不是说和真理的距离越来越近，因为真理也是不断变化、不断运动的。

我们时常把“科学”挂在嘴边，但科学究竟是什么？却又回答不上来。科学就是我们认识世界的实践方法，科学的理论是可以被证伪的。

只有可证伪的才是科学，否则就谈不上科学。“可证伪”是什么意思呢？就是在人类认知体系下，可以证明它是假的。

有一句话叫“善有善报，恶有恶报”，在人类目前的认知体系下，既不能证实，也不能证伪，所以它缺少科学依据。但如果真的有一双“上帝之眼”在操控世间因果报应，那么就可以被证实或证伪了。

再比如“天下乌鸦一般黑”是可以证伪的，因为这个世界上存在白色的乌鸦，所以我们可以作出科学的判断。

哲学家说：科学不是真理，却在逼近真理。但逼近并不是说和真理的距离越来越近，因为真理也是不断变化、不断运动的。

人类追求真理的脚步没有停止过，追求科学的脚步同样没有停止过……

公元前500年左右，古希腊学者欧多克斯提出地球是宇宙的中心，后亚里士多德、托勒密进一步完善和发展，逐渐形成了“地心说”。

1513年，哥白尼提出了“日心说”，主张地球不是宇宙的中心。

1929年，埃德温哈勃总结出了一个具有里程碑意义的发现，即不管你往哪个方向看，远处的星系正急速地远离我们而去，而近处的星系正在向我们靠近。

换言之，宇宙正在不断膨胀。倒推之，那么宇宙就是由一个致密的奇点爆炸而来，并不存在中心点……

可见，科学的进步，就是不断证伪，不断发现新的知识，并且不断修正旧的知识。

真正的科学是可以被证伪的，比如“下雨的时候天空有云朵”，这件事情可以证伪吗？当然可以，如果我们能够证明“下雨的时候天空没有云朵”，这个理论就可以被推翻了。

再比如爱因斯坦，他预测从远处恒星发出的光在靠近太阳时会被弯曲。这一预测是科学的，因为如果观察到光线没有弯曲，那么爱因斯坦的理论就被证伪了。通过以上这些例子我们可以得出结论——区分科学与非科学的一个最重要标准，就是看它是否“可证伪”。

现代科技飞速发展，像弦理论、黑洞、量子引力、平行宇宙等理论被逐一提出，但是因为这些理论“不可证伪”，所以只能归纳为非科学。但在未来的某一天，这些理论也许就被“证伪”了！那时候人类的世界也将颠覆，人类的认知又要重新洗牌了。

著名物理学家费曼说过：“科学哲学对科学家的用处，就像鸟类学对鸟类的用处。”鸟儿会飞并不是因为看了鸟类学的知识，那科学家呢？那我们自己呢？

学会批判性思考

思维导读：

在接触到一个事件时，首先要产生怀疑。怀疑的前提是思考，通过思考对事件进行准确的判断。但是人总是过于倾向审视他人，而忽略了思考应有的意义。

在信息大爆炸时代，有一种能力显得尤为重要，那就是批判性思维。

什么是批判性思维呢？美国著名学者布鲁克·诺埃尔·摩尔和理查德·帕克将其定义为一种牢慎地运用推理，去断定一个断言是否为真的能力。

在中国的汉语词典中，“批判”含有批评和判断对错的意思，批判性思维并不是对某个事物进行批评和判断，也不是带有偏见地去反驳某个观点，而是保持思考的自主性和逻辑的严密性，不被动地全盘接受。同时，批判性思维也是一种能够通过学习来提高的思维能力。

批判性思维者身上往往有两种思维方式并存：一种是海绵式思维，一种是淘金式思维。

海绵式的思维方式是像吸水的海绵一样被动地、几乎无差别地吸收来自外部的信息。这种方式可以帮我们在较短的时间内获取大量的信息，也不需要烦琐的思考过程。但相对的，它的弊端在于无法对繁杂的信息作出评判和取舍。如果始终依赖这种思维方式，人们会对自己新获得的所有信息都深信不疑。

淘金式思维则与之相对，就是主动地在获取知识与信息的过程中与其产生互动，并像淘金者一般在谨慎思考与分析后过滤掉“泥沙”，留下智慧的“金子”。

我们可以在批判性思维者身上看到以上两种思维方式，因为即使是“淘金”，也需要盘里已经具有一定程度的信息量或知识储备才行，而海绵式思维的确是一个可以在前期收集大量信息和知识的方式。如果你想习得批判性思维，你首先还是需要大量吸取知识和信息，作为你的基础，这样你才有可能获得辨识好坏的能力。批判性思维并不是捷径。

很多人都不知道批判性思维的三个基本元素，它们分别是：断言、论题和论证。

断言，就是对事物作出书面或者口头上的判断。断言是批判性思维的基本元素之一，主要用于书面或口头交际中表达个人的意见、信念以及传递信息。举一个简单的例子：有人说“我和那个男人没有任何关系”“多吃蔬菜可以减肥”“吃鱼能够达到降低血脂的功效”“人是多愁善感的动物”等，都是断言。断言有真假之分，需要你作出正确的判断。批判性思维的关键之处就在于检视断言与断言之间存在怎样的关系。

论题，就是在对断言进行判断时提出的问题。在你对断言进行判断的过程中，其实就已经提出了一个问题：它到底是真的还是假的呢？比如“耳垂大的人都有好运气”“哈佛是世界上最好的大学”这样的断言，你在选择相信或者不相信的时候，是否也会认真思考一番呢？解决问题的过程就是断言它的真假，并且作出正确的回答。

论证，就是寻找论据支持或反驳论题的过程。当你知道论题是什么之后，就要选择支持或反驳这个断言的论证是否合理，并且判定论题的真假，这个过程就被称为论证。批判性思维最重要的元素就是论证，它的最终目的就是给断言的真假找一个合理的理由，从而让它成为决策的依据。

批判性思维的建立，需要经历一个复杂的过程。从根本上来说，批判性思维就是不断提出问题，再不断解决问题的过程，其中每一个步骤都包含着一系列的问题清单。所以在建立批判性思维之前，你必须拥有良好的问题意识，并且要勇敢质疑，不畏权威。

为什么在信息大爆炸时代，批判性思维显得尤为重要呢？

因为我们每天接触的信息量过多，我们就只能通过证据的数量和质量，来判断和辨别某个信息的可信赖程度。此时，能够帮助我们分析、评价相关证据的批判性思维能力就显得格外重要了。虽然我们每天接触到的信息越来越多，但它们并不是全都具有价值，也不是都可以成为我们知识体系的一部分。

在接触到一个事件时，首先要产生怀疑。怀疑的前提是思考，通过思考对事件进行准确的判断。但是人总是过于倾向审视他人，而忽略了思考应有的意义。当人因为抵触外界而产生批评时，基本上很少有自己的想法，所维护的不过是一种假的正义罢了。

受先入为主的思维约束，你在一个问题上花费了太多的时间，对问题的判断就会变得更加模糊，很难形成正确的判断。所以你要保持足够的冷静，用自己的知识体系来评判一件事，并决定是否能纳入知识体系当中，而不是仅仅为了批评。

同样地，人在面对批评时也会产生一定的抵触心理。批评其实是一种沟通交流的方式，他人对你的批评在某种程度上是在帮助你思考，一些你没有想到的事情，被指出来，更有利于你完善自己的知识。这时，你更需要批判性思维。

通过深入思考来判断对方的批评是否是合理的，是否需要接受。无论你的计划制订得多么细致，都会存在着缺陷。不完美的计划必然会引来批评。所以你需要针对批评进行全面的思考，反复完善自己的计划。

在很多情况下，由于受到现实的影响，很多问题不是单一存在的，往往存在着很多约束。在你解决某一个问题时，寻找相关答案前，需要找到那些约束的条件，并找到关联性。不然你的方式就达不到预期的效果。

学习尤其如此，每一门学科之间存在着交叉性，你必须有清晰的认识和判断，才能找到正确的结果。

相关性≠因果性

思维导读：

如何避免落入相关性等同于因果性的逻辑思维陷阱之中呢？

一是不要盲目听从权威，一看到“专家、学者、教授”就没有自己的主见；二是追本溯源，是哪里的专家、学者或教授，是什么研究成果、发表在什么学术期刊上等。

“有专家说：常食海参可以让人变得更聪明。”

当你看到这样的标题时，大脑中会产生怎样的想法呢？是对“专家”的说法深信不疑，正准备去购买海参来提高自己的智商？还是理性地思考后决定做一位观望者？

如果你还算是一位理性派读者，肯定不会轻易相信上面的结论。因为稍有一些逻辑思维的人都可以看出来，“常食海参”和“变聪明”之间只有相关性，而没有因果性，是不能在两者之间画等号的。那么，专家是如何得出那样的结论的呢？

我们可以站在“专家”的立场，推导一下他的思维过程：

“专家”为了研究“常食海参”和“变聪明”之间的关系，肯定会找到一群受试者，并且将他们分成两组，其中一组“常食海参”，另一组“不常食海参”；经过一段时间的试验后，再测试两组受试者的智商水平如何；就算最后的测试结果显示，“常食海参”的那组受试者“变聪明”了，甚至受试者的人数多到了具有统计意义，“专家”所得到的结论仍旧有一个严重的逻辑缺陷，那就是相关性≠因果性。这也是一个经常被人混淆和利用的逻辑陷阱。

现实生活中，大多数人都会在相关性和因果性之间画等号，不信看看下面这个例子：

在法国南部的一座小镇上，发生了一件奇怪的事情——小镇上冰淇淋的销售量和小镇上的犯罪率呈正相关，也就是说，小镇上的冰淇淋卖得越多，该镇的犯罪率就越高。

面对这样的情况，小镇上是不是应该禁止售卖冰淇淋呢？

很显然，这样的逻辑思维是有问题的，错把相关性当成了因果性。冰淇淋和犯罪率之间没有任何关系，为什么会正相关呢？

比较合理的解释是：冰淇淋在夏天售卖，而夏天人们都爱把窗户打开透气通风，因此发生失窃的可能性要高。相对地，到了冬天，很少有人吃冰淇淋，而人们也会将门窗紧闭，因此犯罪率会有所下降。这才是一个比较合适的解释。

这个例子充分说明，两个相关的事物，不一定就是因果关系，比如公鸡打鸣的时候，太阳升起来了，这是一种相关性，但是能说两者存在因果关系吗？

我们再回到海参的问题上：如果“常食海参”和“变聪明”之间存在正相关性，最合理的解释就是“常食海参”的家庭条件不差，因此可以给孩子提供较优质的教育资源，从而让孩子变得越来越聪明；也有可能是其中一组受试者中符合“常食海参”和“变聪明”这两个条件的人数居多，而这是概率学和统计学的问题了。

可见，在没有任何科学依据和测量数据的情况下，“常食海参会让人变聪明”的说法是站不住脚跟的。

那么，我们如何避免落入类似这样的逻辑思维陷阱之中呢？

一是不要盲目听从权威，一看到“专家、学者、教授”就没有自己的主见；二是追本溯源，是哪里的专家、学者或教授，是什么研究成果、发表在什么学术期刊上等。

最后，还是要强调一点，那就是——相关性≠因果性，但是不代表相关性不可能有因果性，这一点一定要区分清楚。

没有测量就没有科学

思维导读：

无论什么科学技术，归根结底都是为了寻找事物的客观规律，而世界上的所有事物的发展都是量的积累过程。

俄罗斯著名科学家门捷列夫曾说过："没有测量就没有科学。"

测量是一切科学研究的基础，如果不能用测量数据来说话，那就没有资格谈论科学。

天文学家敢说宇宙的年龄是138亿岁，也不是信口开河，仅靠理论推测，而是通过测量，获取了相关数据之后，才得出最终答案。

所有科学结论都有测量数据支撑，这是不容置疑的！

无论什么科学技术，归根结底都是为了寻找事物的客观规律，而世界上的所有事物都是由量构成，并且通过量来体现的。随着大数据时代的到来，人类早已有了共同的认识，那就是"无测量，无管理；先量化，后决策"。

而且，跟随未来科技发展的脚步，计量学的重要性将越来越高。不可否认，我们每天都在进行各种测量，所得到的数据成了人类社会活动中最重要的信息源之一。

如果测量的信息不够准确，我们甚至无法正式地认识事物。

中国是世界上最早统一度量衡的国家，其发达程度领先国外上千年之久。

直到18世纪中叶，成立米制公约国际组织之后，全球的计量单位制才慢慢得到统一。

20世纪中叶，近代物理学获得了空前发展，其中以相对论和量子论为代表，将人类科学的视角拉伸到了浩瀚的宇宙空间。人类可以更微观地看到神经、大脑等器官。

随着科技的发展，核能、半导体、大规模集成电路、镭射、超导、网络技术和新材料等高新技术与产业应运而生，不仅改变了人类的生产、生活方式，还让测量单位变得越来越精细，也越来越精准。

2005 年诺贝尔物理学奖得主、美国国家计量院的霍尔曾经说过："计量学是科学之母，是理论与实验之间的桥梁。"随着数字化时代的到来，量值也越来越精准化，计量学从对基础理论的研究到对应用领域的探索，逐渐成为各个领域研究中最重要也最不可少的科学依据。

现代计量学也是现代科学体系的基础结构之一，它以量子理论为基础，从宏观实物基准过渡到微观量子基准，其影响力绝不亚于相对论以及其后的宇宙大爆炸模型、DNA 双螺旋结构、板块构造理论、计算机科学等科学理论，给人类科学事业带来了巨大进步。

测量在农业社会中的应用同样广泛，比如丈量土地的面积、衡量粮食的产量等。农业生产中还需要掌握季节与气候的变化，因此早在原始社会便有了时间测量器具。

另外，在现代战争中，需要全球精准定位；火箭发射需要一套完整的综合测量系统；航天飞行中需要检测飞行参数、导航参数、航天员生理参数等 7 大类 5000 多个参数……

总之，人类通过计量认识了世界，并且通过计量实现了科技创新。随着时代的发展，中国的产业计量测试服务体系、区域发展计量支撑体系、能源资源的计量服务体系、计量监管体系也越来越完善。具有中国特色的计量发展与管理制度有效地推动了我国工业及科技发展，同时也见证了人类文明的进步与发展。没有测量就没有科学，没有计量就没有进步！

人类的认知总是有限的：哥德尔不完备定律

思维导读：

即使再博学多才的人，也有自己不懂的知识盲区；即使再缜密的定理，也有不完备的地方。这种思维理念便是“哥德尔不完备定律”。

哲学上有这样一个论题：“你所知的越多，未知的就越多。”

我们应该如何去理解这句话呢？一个人如果拥有了渊博的学识，并且智慧通达，他从来不会觉得自己“知道”得很多，更不会轻易下定论，反而会认为自己“知道”的东西太少，能够坦然面对自己的无知，也能容纳有别于自己认识的真知。这或许才是智者的象征。

中国有一句古话：“人非生而知之者，孰能无惑？”

人类对于知识的摄取是十分有限的，而知识本身浩瀚而无穷尽。

即使再博学多才的人，也有自己不懂的知识盲区；即使再缜密的定理，也有不完备的地方。这种思维理念便是“哥德尔不完备定律”。

1931 年，奥地利逻辑学家库尔特·哥德尔提出了“哥德尔不完备定律”，指出世界上所有的数学公理都是不完备的，总有一些关于数的事实不能被这些公理证明。他的这个观点无疑是爆炸性的，因为在此之前，所有的数学家都坚信那些基本的数学公理是完备的。

自从“哥德尔不完备定律”被提出之后，就在数学、科学、逻辑学等多个学科得到了验证。这一定律使数学基础研究发生了划时代的变化，更是现代逻辑史上很重要的一座里程碑。

“哥德尔不完备定律”告诉我们，人类的认知总是有限的，宇宙总有人类的理性无法抵达的地方。如果暗物质和暗能量是数理逻辑无法把握的存在，那说明我们通常的物理学已经走到了尽头。

这就意味着，不管人类出多少个爱因斯坦，总会有一种物理现象，是爱因斯坦们不能解释的。这个世界太大了，不仅现象有无数种，很可能支配这些现象的法则也有无数种，而人类的认知总是有限的。

毕竟，并不是每个人都是数学家、物理学家或者见多识广的学者。在现实世界里，大多数人的知识存储量也极其有限。

面对浩瀚无垠的知识海洋，我们也应该保持适当的“无知”，因为我们不可能将所有的知识都灌输给大脑，即使是知识渊博的学者，也存在一定的知识盲区。

同时，我们也要正视自己的知识，尽可能地去增补自己的知识，让自己朝着不断求索的方向前进。

著名荷兰哲学家斯宾诺莎在谈论“无知”时，曾经有过这样一段著名的言论：“无知的人不仅在各方面受到外部原因的扰乱，从未享受灵魂的真正和平，而且过着对上帝、对万物似乎一概无知的生活，活着也是受苦，一旦不再受苦了，也就不再存在了。另外，有知的人，在他有知的范围内，简直可以不动心，而且由于理解他自己、上帝、万物都有一定的永恒的必然性，他也就永远存在，永远享受灵魂的和平。”

在斯宾诺莎看来，真正的无知者，既不了解自己，也不了解外面的世界，就像“墙头草”一样会随着外力左右摇摆，自己也无所谓灵魂的真正和平；而有知者既了解自己，也了解外面的世界，生活里也总是有自己的思想与认识，所以他们活得快乐，并且拥有信仰。

当然，现实中无知者与真知者并没有如此泾渭分明，因为有的人总以为自己知道得很多，却不愿意接受“无知”的事实。于是，他们满足于“知道”的错觉，停止对知识的涉猎，就那样迷迷糊糊地生活着，还以为自己活得很清醒，很有意义。

很多人都思考过这个问题：知和无知的关系是什么呢？我们知道，正是因为有了无穷的“无知”，才给我们的“知”留下了无穷的运行空间。我们掌握的知识越少，可以获取的知识就多；我们掌握的知识越多，会产生的疑问与求索就越多。这是无休止的相互关系。

知识是为人类服务的，通过大脑的筛选加工，便能解决问题。我们所积累的知识会以无形的状态保存在大脑中，在需要的时候，大脑会分析、筛选、总结这些知识，最后得出最好的生产劳动方法。这便是知识的产生过程和利用价值。

一个人所积累的知识越多，想要达到目的就越容易，因为提供给大脑的筛选对象变多了。经过众多分析筛选后的结果，也必然是更准确和精辟的。这样，也就离你所想了解的事物更近了。虽然大脑的仓库是无限的，但是能够被我们利用的知识却是有限的。因此要学会进行知识上的筛选，尽量获取那些适用于自己的知识。

与此同时，还要抱着这样的态度去求知，那就是“人类的认知总是有限的”，我们既要努力学习更多的知识，又要从所学知识的完备性上思考，活学活用，而不是把知识当成真理。

从源头解决问题：第一性原理

思维导读：

无论我们遇到什么难题，都应该学会运用第一性原理思维，想想问题的根源在哪里，一切问题都要从源头上解决。二作上的问题是如此，生活中的问题也是如此……

第一性原理起源于物理学，后来被应用在多个科学领域，它的核心概念就是“从源头解决问题”，不需要任何假设或者经验，只以客观事实为依据，对问题进行演绎和推导。

从物理学的角度来说，第一性原理思维就是透过表象看本质，找到最初的起点，然后从起点思考新的方向。在众多科学领域的发散演绎中，我们都能看到第一性原理思维的影子，比如达尔文进化论、牛顿定律等。这些伟大的科学家都善于运用第一性原理思考问题本源。

特斯拉公司 CEO 埃隆·马斯克曾说过：“如果你真的想做一些新的东西出来，就必须依赖物理学的方法。”马斯克认为自己之所以能够带领特斯拉公司走出困境，也是因为合理地运用了“第一性原理思维”。在特斯拉公司成立之初，就因为电动汽车的电池成本过高而陷入困境。面对这一难题，马斯克首先想到的是电池组成的原材料，经过大量的试验之后，终于从电池生产的原材料上找到了突破口，成功地解决了电池成本过高的问题。换成其他人，恐怕只会认为电池的成本就是如此，市场价格也一目了然，它永远也不可能变得更便宜。

当问题解决之后，马斯克说：“我相信有一种很好的思考架构，就是第一性原理，我们能够真正地去思考一些基础的真理，并且从中去论证，而不是类推。我们绝大多数时候都是类推地思考问题，也就是模仿别人做的事情并加以微幅更改。但当你想要做一些新的东西时，必须要运用第一性原理来思考。”

所以，无论我们遇到什么难题，都应该学会运用第一性原理思维，想想问题的根源在哪里，一切问题都要从源头上解决。工作上的问题是如此，生活中的问题也是如此……

然而，在现实生活中，有的人只知道埋头赶路，却不知道抬头看看自己走的方向是否正确。很多人都是如此——很努力地做好了一件事，然后又接着做另一件事，却在不知不觉中误入歧途，最后把最初的目标都抛诸脑后了。无论如何，我们都应将最初的目标记在心中。

每当我们完成一件事的时候，往前行进了一段路程之后，都应该停下来想一想，看看自己是否走错了路，是否把自己最初的目标给忘记了。尽管我们想将所有精力都花在实现梦想上面，但是常常因为琐碎的事而走了岔路。很多人都会因为一些很小的事而失去了最终的目标，这无疑是可悲的。一个人忙于赶路，也有可能让自己找不到出路，最后慌不择路地走上错误的道路，等真正到达目的地之后，才发现自己从一开始就走错了。经历了那么多艰难险阻，浪费了大把时光，却发现最初的目的地才是自己真正的追求。

我们每个人的大脑中，都存在着无数个“既定选择”，它们就是我们所说的思维定式。在思维定式的影响下，我们很容易作出“理所当然”的错误决策，甚至作出偏离自己意愿的选择。这时候就要学会运用第一性原理，它能够帮助我们找到一切的源头。

第六章

推理思维：像数学家一样思考

质疑一切

思维导读：

世界上并没有绝对的事物，权威也存在一定的局限性——它只能代表前人的经验总结或者权威人士的一面之词，而事物时刻在发生变化，过度迷信权威，只会成为我们前进的绊脚石，扼杀我们的创新能力。

你以为数学家的眼里就只有僵硬的数理逻辑和定理公式吗？

当然不是，所有伟大的数学家都有一个共性，那就是挑战权威，质疑一切。如果能够打破规划，发现定理公式之外的计算方法，才称得上真正伟大的数学家。

从阿拉伯数字、小数、分数、负数，到矩阵、微积分、非欧几何等，每一次数学史上的创新发现不无起源于对现有理论的质疑声。

人类的劣根性之一，就是对权威的盲目服从，有时连自己的选择都被他人所操控，甚至在不自觉的情况下，作出违背自身意愿的决定。大多数人不都是如此吗？大家所认同的东西，自己也会选择认同，无论这种认同是否出于自己的思想。

如果某种观点得到“权威”认证，人们更不会提出质疑，而只会盲目跟从、信服。

美国耶鲁大学的心理学助理教授斯坦利·米尔格兰姆对这种情况进行了广泛而深入的研究，最后得到的结论是：“盲目和不经思考地服从权威，只会给自己带来毁灭性的灾难。”

斯坦利·米尔格兰姆教授还明确指出，无论多么简单的定论，我们都不能凭借自己的主观臆测去作出判断，哪怕服从权威或者权威效应确实存在，但是在缺少严密的实验研究和理论认证的情况下，仍然不能妄断其中的科学性与准确性。

从人类发展的历史来看，“权威”的作用也是无比巨大的。因为“权威”是人们的行动指南，是探索者走向成功的方向和方法，是前人的智慧结晶。

不过，世界上并没有绝对的事物，权威也存在一定的局限性——它只能代表前人的经验总结或者权威人士的一面之词，而事物时刻在发生变化，过度迷信权威，只会成为我们前进的绊脚石，扼杀我们的创新能力。

哈佛商学院教授、全球顶级管理思想大师拉凯什·库拉纳曾经说过：“我希望你们敢于质疑陈规。作为教育者，我们也是这样做的：常提问，多寻依据，考虑多方观点。同时，我希望你们也做个理想主义者，具有质疑精神的理想主义者，倒不是一味地愤世嫉俗。多提复杂的问题，并努力对此作出解答。”

一个人只有在质疑的情况下，才能启发大脑对事物进行思考，最后作出判断。思考就是对外界信息进行“加工”。独立思考就是独立对外来信息进行加工。

这里强调的是“独立”二字，因为思维永远是主观的，行为将依靠内部思维来指挥。一个不好的主观思维，将会导致一个不科学的行为，所以思维独立加工十分重要。

那么，我们应该如何让自己拥有挑战“权威”的勇气呢？

著名科学家贝尔纳说：“构成我们学习最大障碍的是已知的东西，而不是未知的东西。”我们想要培养善于变通的思维能力，就必须建立批判性思维，对于权威和经验不能随声附和。

那些真正实现创新，或者有重大发现的优秀人才，往往能够打破过去的很多成见。我们可以尊重权威并虚心向权威学习，但是绝不能迷信权威，而应该时刻保持质疑的精神。

当我们用质疑的眼光看这个世界时，会发现很多“问题”的存在，对于任何“权威”，都能够持有质疑的态度，而不是盲从。要知道，在科学研究中，可能有9999个想法都不会得到结果，但是第10000个想法却可能改变整个人类的命运。

中国有一句古话：“博学之，审问之，慎思之，明辨之，笃行之。”意思是说，想让自己博学多才，就要对学问详细地询问，要彻底搞明白，要慎重地思考，要明白地辨别，要切实地力行。这也是告诫我们，不要盲目地相信“权威”，对于学问也要保持“质疑”的态度。

把复杂的事物简单化：抽象思维

思维导读：

抽象思维的高度概括性，能够帮助我们把复杂的事物简单化，让我们更轻易地靠近事物本质，了解事物的真相。

日本著名企业家稻盛和夫曾说："很多人都存在一种思维倾向，就是把事情考虑得太过复杂。可为了靠近事物的本质，我们必须学会将复杂的现象简单化。当事情变得越来越简单时，我们就离事物的本质越来越近了。"

稻盛和夫做过技术人员，思维上渐渐有了一种定式，思考任何事物都离不开"进行实验、观察现象、探究真理"的过程。在这种思维模式下，想要进行创新，就必须把复杂的实验现象简单化，否则就会被复杂的现象迷惑。

以数学为例，变量越多越复杂，解答就越困难。再比如看起来高深莫测的经营，其实就是"让销售最大化和经费最小化"的简单原则。

当然，人的大脑本来就是复杂的，思维的形态多种多样，除了最基本的动作思维，还有形象思维和抽象思维。什么是抽象思维呢？就是人们在认识活动中运用概念、判断、推理等思维形式，对客观现实进行"间接的""概括的"反映过程。

所以，抽象思维的高度概括性，能够帮助我们把复杂的事物简单化，让我们更轻易地靠近事物本质，了解事物的真相。

稻盛和夫还说过："把复杂的现象简单化是一种近乎直觉的分析能力。对于理工科出身的研究人员而言，更是不可或缺。"

的确，综观人类历史上的发明家、科学家和数学家等，都具备化繁为简的抽象思维能力。西方艺术设计领域的"简约主义"，也是化繁为简的典型。

“简约主义”起源于欧洲现代主义建筑大师路德维希·密斯·凡德罗的名言“Less is more”，意思是简单的东西往往带给人们更多的享受。

尽管“简约主义”起源于西方，可是在中国传统文化中，“简约主义”的精神早已体现——中国古代伟大的哲学家老子说过：“少则得，多则惑。”意思是说，如果能够抓住事物的本质，取其精华，去其糟粕，往往能获得更多的真相；如果事物繁多，理不清条理，则容易迷惑心志。

现实生活中，许多人却喜欢将简单的问题复杂化，比如在某个演讲或某个会议中，上台演讲的人总爱强调“我要说的内容很复杂”，而且越是学识渊博的人，越有这种倾向。于是，各种错综复杂、晦涩难懂的理论扑面而来，让听者一头雾水，根本不知道重点是什么。

学术界一直推崇这样的观点：“知识是一个细化铺开的过程，而智慧是一个简化浓缩的过程。”同样一件事情，有人一两句话就表达清楚了，而有人说了一大堆也说不明白。他们表达的方式不同，一是把复杂的问题简单化，另一个是把简单的问题复杂化了。

著名科学家爱因斯坦一生有无数发明，他为人类科学文明进步所作出的贡献是难以衡量的，正如诺贝尔奖得主维格纳所说：“我们所有人，都在爱因斯坦的庇荫之下……”这样一位世纪伟人，不仅在生活中平易近人，还能够将那些晦涩难懂的科学理论用浅显易懂的语言表达出来，并且有一定的趣味性。

有一次，几位好学的青年学生跑来问爱因斯坦：“请问爱因斯坦先生，什么是相对论？”

这个问题明显很有难度，想要将抽象的相对论解释清楚并不容易，爱因斯坦却回答说：“这很简单啊！你在一位美丽的女孩身边坐了两个小时，感觉只过了5分钟；你在熊熊燃烧的火炉旁边坐了5分钟，却感觉过了1个小时。这就是相对论！”

爱因斯坦的回答浅显易懂，却讲述了最抽象、最深刻的科学道理：世界上任何事物都是相对的，一个人心情愉悦时会觉得时光如梭，而当一个人处于煎熬中时会觉得时光缓慢！

在大多数人的认知里，思维方法似乎总与复杂挂钩，但凡遇到问题，总爱往复杂的地方思考，并且认为解决问题的方法越复杂越有效，甚至因此钻进牛角尖里无法自拔。可事实上，能够运用大脑中的抽象思维，将复杂的问题简单化，将复杂的逻辑关系高度概括，才是真正的大智慧。最后记住一个重点：只有聪明人才能用最简单的方法解决最复杂的问题。

由个别中发现一般：归纳思维

思维导读：

自然界和人类社会中的一般性，都存在于个别及特殊性之中，并且通过个别而存在。一般都存在于具体的对象和现象之中，因此，想要认识一般，就必须先认识个别。

归纳思维在生活中运用十分广泛，它源于数学归纳法。我们知道，在解决某些数学命题时，都会运用到归纳法。所以，我们也可以说归纳思维是从归纳法演变而来的。那些擅长归纳推理的人，数学能力和逻辑思维能力往往要高于普通人。

归纳思维是逻辑思维中的一种推理形式，简单来说，就是由个别发现一般的思维模式。归纳思维可以帮助我们从个别事物的特性中，推导出一般事物的普遍性。日常生活和工作中，我们时常在不经意间使用到归纳思维，并以此来判断事物的分类以及事物所蕴含的意义。

比如在同一个平面内有三个三角形，一个是直角三角形，一个是锐角三角形，一个是钝角三角形；其中直角三角形内角和是 180 度，锐角三角形内角和是 180 度，钝角三角形内角和也是 180 度；由此我们得出结论，平面内的三个三角形内角和都是 180 度。

这个例子就是从直角三角形、锐角三角形和钝角三角形内角和分别都是 180 度这些个别性知识，推导出平面内三个三角形内角和都是 180 度这样的一般性结论，就属于归纳推理。

自然界和人类社会中的一般性，都存在于个别及特殊性之中，并且通过个别而存在。一般都存在于具体的对象和现象之中，因此，想要认识一般，就必须先认识个别。

人们在解释一类数量较大的事物时，也是从个别或特殊事物，推导出一般性原理或原则，然后再从这些一般性的原理和原则出发，再得出关于个别事物的结论。

这种认识秩序贯穿于人们的解释活动中，不断从个别上升到一般，即从对个别事物的认识上升到对同类事物的一般规律性的认识。

归纳思维又分为完全归纳法、不完全归纳法和科学归纳法：

完全归纳法是一种必然性推理，所得到的结论是确凿可信的，不过它的应用并不广泛，如果此类对象所包含的个体数目太大，不可能提取每一个个体的特点，它就无法派上用场了。

不完全归纳法的应用范围虽然很广，但它却有一个十分致命的缺点，那就是所得到的结论不一定可靠。怎样才能解决这个问题呢？答案就是采用科学归纳法。

科学归纳法即根据对某一门类的一部分对象的本质属性和因果关系的研究，从事物的因果关系中揭示事物的必然联系，作出关于这一门类的全部对象的一般性结论。这种方法的关键在于找出事物的因果联系。

在我们的日常生活、工作和学习中，经常会应用到归纳思维；同时，在科学发现、创造发明等领域，同样会运用归纳思维。

虽然归纳思维应用广泛，但它离不开演绎法和其他思维方法。通常情况下，归纳要以演绎为指导，尤其是当我们面对大量统计表格、变化曲线、具体事例，需要通过归纳法来总结出带有规律性的原理时，更需要演绎法的指导。因为演绎法能够帮助我们更好地探求事物的因果关系，在归纳推理活动中，演绎环节必不可少。

恩格斯曾经说过："观察了蒸汽冲开壶盖之类的许多事例之后，可以归纳出热运动转化为机械运动的结论，人们甚至可以根据这种认识造出蒸汽机来，可是，为什么从热中可以得出机械运动？即使观察了十万部蒸汽机，我们也无法归纳出一个结论来回答这个问题。"

可见，归纳思维也具有一定的局限性，但它在演绎法及其他思维方法的配合下，又显得无所不能。

考虑极端情况

思维导读：

在抱着最大的希望的同时，也要做好最坏的打算。无论处于顺境还是逆境之中，都应该在抱着希望的同时，也做好最坏的打算，这样才能有备无患。

在解答一些数学问题时，我们可能会遇到一些极端情况，比如“一个数列既是等差数列，也是等比数列，这个数列是常数数列”是正确的，“常数数列既是等差数列，也是等比数列”却是错的，因为各项全为 0 的数列也是常数数列，这个数列是等差数列，但不是等比数列，并且不满足“常数数列既是等差数列，也是等比数列”的只有各项为 0 的数列。

再比如“向量 b 与向量 a 平行，向量 c 也与向量 a 平行，那么，向量 b 与向量 c 平行”是不正确的，当向量 a 是非零向量时该命题成立，当且仅当向量 a 是零向量该命题不成立。

类似这样的极端情况虽然遇到的概率不大，但也不可以完全避免。其原因有两点：

一是我们自身的能力不足以解决所有的问题。

二是我们面对的人和事存在太多不确定因素。

面对极端情况，我们能够采取的应对措施也有两种：

一是尽量规避，处处小心谨慎，按照规划办事，这种做法也存在负面效应，就是容易让人停滞不前，缺少创新的可能性。

二是积极应对，想办法去面对极端的情况，以创新的方法去解决从未遇到过的紧急问题，这样做需要承担风险。

如果极端情况只是出现在数学命题中，我们大可想办法弄清楚它，哪怕做错了，还可以找到错误的根源，并且能得知最终的答案。可是，当极端情况出现在生活中、工作中、管理与决策中，我们又应该如何应对呢？

首先，要学会“未雨绸缪”，做好应对任何极端情况的心理准备。

人人都听过“未雨绸缪”的故事，可并不是人人都能做到“未雨绸缪”。

大多数人只想待在舒适区里，只懂得享受当前的安逸而看不到事物的长远发展，只看到希望而看不到危机，当极端情况出现时，则措手不及，最终输得一败涂地。

其次，在预想事情的结果时，要用最大的希望去做最坏的打算。

如果总是把事情想得太美好，以为所有的事情都会向好的方向发展，当最坏的结果出现时，人们往往难以接受。这就是所谓的希望越大，失望越大。

因此，无论处于顺境还是逆境之中，都应该在抱着希望的同时，也做好最坏的打算，这样才能有备无患。

或许有人会说，做最坏的打算不是对自己缺乏信心吗？其实，做最好的打算或做最坏的准备，并不是有没有信心的表现，而是一种面对困难的人生态度。

最后，要提升自己的格局，无论遇到什么极端情况都能从容应对。

一个人在面对危难时的表现是好是坏，能够显出他内心的格局是大是小。

有的人在大风大浪面前仍旧岿然不动，有的人却像惊弓之鸟，总被未知的恐惧所俘虏。在面对同样的困难时，格局大的人总能找到解决的方法，格局小的人却只看到失败的影子。

大格局者之所以会抱着最大的希望，是因为知道自己的优势在哪里，甚至可以通过自己的努力去创造无后顾之忧的优势，同样，他们也知道任何事情都是有风险的，因此在最坏的情况出现之前，会做好最坏的打算，以不变应万变，兵来将挡，水来土掩。

将陌生问题转化为熟悉问题：转化思维

思维导读：

当我们遇到难以解决的问题时，如果不懂得运用转化思维，改变一下思路，可能永远也找不到问题的解决方法。相反，从另一个角度考虑问题，说不定可以让问题迎刃而解。

转化思维是数学思想的核心之一，也是解决数学问题的有效方法之一。转化思维不仅能够帮助我们解决各种数学难题，还能帮助我们提高分析能力、想象力及创造力。

在日常生活、工作、学习以及决策、博弈等方方面面，都会用到转化思维。所谓转化思维，就是从一个问题转化为另一个问题，从复杂的问题转化为简单的问题，但总的转化路径是化繁为简、化难为易、化未知为已知。

转换思维实际是一种多视角思维，从多个角度观察同一现象，用联系的发展的眼光看问题，会得到更加全面的认识，从多个层次、多个方面、多个角度思考同一问题，会得到更加完满的解决方案。

当我们遇到难以解决的问题时，如果不懂得运用转化思维，改变一下思路，可能永远也找不到问题的解决方法。相反，从另一个角度考虑问题，说不定可以让问题迎刃而解。

两只小蚂蚁想要翻越面前的一堵墙，寻找墙那边的食物。那堵墙有 20 米长，100 米高。其中一只小蚂蚁来到墙脚下，毫不犹豫地往上爬。

可是，每次当它爬到一半时，就会因为体力不支而掉落下来。它却没有因为这一次次的失败而产生过放弃的念头。相反，它相信只要自己付出了努力，就一定会有所回报；它也相信，只要自己能够坚持下去，就会离成功越来越近。所以，它不断地努力着，不断地调整自己的状态，在一次次的失败之后仍然没有放弃自己的坚持……

另一只小蚂蚁却没有急于行动，而是认真地环顾四周，分析这堵墙的情况。

最后，它决定绕过这堵墙，从而去到墙的另一边。它这样做了，也成功了。当它开始享受墙那边的美食时，另一只小蚂蚁还在攀爬那堵墙，并且努力坚持着！

那只努力向上爬的小蚂蚁无疑是可悲的，在实现自己的目标时，它并不懂得改造自己的思维，而只是一味地“努力”。

可见，转换思维不仅可以帮我们精确地理解某一事物的内涵和外延，对事物的概念作出规定，还可以帮助我们避免思维定式，这对于发明创造来说有重要意义。

为什么大多数人都不懂转化思维呢？

这是因为思维定式在作怪，并且抗拒改变是人性的弱点，人性中的恐惧和懒惰决定了人们安于现状。改变包括行为、生活方式的改变，还包括思维方式的改变。

行为、生活方式的改变或许还算容易，思维上的改变却很困难，因为思维的改变意味着质疑甚至否定自己原有的价值观和世界观，再逐渐建立起一个全新的价值观和世界观，这就像给自己的思维做了一次手术，是痛苦而又孤独的过程。

很多人将“不变”当成一种美德，一种约定俗成的褒奖，然而“不变”也会成为一种束缚。安于现状，保持原有的生活模式，能让我们感觉“熟悉”和“安全”，但同时也意味着不思进取、因循守旧，渐渐失去创新的能力。

苹果 CEO 蒂姆·库克在母校杜克大学的毕业典礼上，对学弟学妹说过这样一段话：“你们这一代人比以往任何人掌握的知识力量都强大，这能够让世界快速发生改变。得益于科技的发展，每个人现在都有让改变发生的工具和潜力，因此我们可以让这个时代变成最好的时代。”

库克认为，生命中最严苛的挑战，就是知道何时突破传统，作出改变。我们也应该如此，不再墨守成规，不再安于现状，不再抗拒改变。当我们不再畏惧改变，向前勇敢踏出第一步之后，翻天覆地的改变将接踵而来。那时候，转化思维也像切换电视频道一样简单。

事实上，我们每进行一次思维转化，都有可能带来全新的发现甚至是发明。思维转换不仅是心理学研究领域的前沿课题，更是人类智慧的最高体现。

给生活分类，一切变得简单高效：矩阵思维

思维导读：

多维度的矩阵思维能够帮助我们更精确地分类，适合较严密的思考和决策；简单地横纵切分，可以帮助我们更快速地抓住问题的核心点，方便大脑处理信息，决策的效率更高。

假如你是公司的管理层，或者一个团队的领导者，你肯定有想过这样的问题，就是对于不同的团队成员，应该用什么样的方法来管理比较好呢？

这个问题既普遍又重要，每个公司或团队里的人都有着不同的特点，不同的思维方式、性格、背景和经历，做事的方式也千差万别。

这时候，“矩阵思维”能够帮助你实现有效管理。

所谓矩阵思维，就是指通过对问题进行矩阵般的分析与规整，形成全面、系统、严谨、专业并具有很强逻辑和关联性的理性思想，从而有助于正确思考、研究、决策等高层次思维的形成的思想方法。

简单来说，矩阵思维是一种工具化的思维方式。在矩阵思维中，我们可以将不同类型的人或事物进行分类，从而在复杂的信息中看到清晰的脉络，然后再根据不同矩阵的内容提供相应的解决方法和思路。

虽然在一个团队中有不同类型的员工，其个性、职能和表现也不同，但是我们可以通过一个两位的矩阵，将这些不同类型的员工放进不同的象限里，从而实现有效管理。

微信之父张小龙有一句经典名言：“设计即分类。”

其实，矩阵思维的核心点就是分类，将不同类型的事物放进矩阵中，便于我们思考和管理。矩阵思维也是一种分类思维。对于同一个事物，不同的

人有不同的看法，对于事物的分类方式不同，最后得出的结论不同，导致的行为决策也大相径庭。

如果懂得利用矩阵思维来分类，更能井井有条，分类的方式越是简洁，越容易洞察到问题的本质，采取合理的措施。

相反，那些不懂得矩阵思维的人，分类时往往会显得毫无章法，让人摸不着头脑。

矩阵思维最大的特点就是既可以进行复杂的分类，也可以进行简单的分类。

多维度的矩阵思维能够帮助我们更精确地分类，适合较严密的思考和决策；简单地横纵切分，可以帮助我们更快速地抓住问题的核心点，方便大脑处理信息，决策的效率更高。

所以，在选择矩阵思维的时候，最好能够平衡好成本和收益，到底是追求时间效率，还是追求精准度。通常情况下，矩阵思维的维度不要超过 3 个，但每一个维度都应该指向问题的核心点，方向大致正确就可以了。

矩阵思维的应用面十分广泛，比如商品运营、用户运营、人员管理、时间管理、用户行为分析、用户需求分析、产品功能分析等多个场景上。

当然，还有更多的场景等待大家探索。它之所以能够成为一种经典的思维框架，就在于它能通过分类，让庞杂无序的数据变得井然有序。

当我们面对一堆数据不知所措之时，便可以利用矩阵思维进行象限划分，它能够很好地帮助我们梳理这些数据，管理团队、公司也是同样的道理。

学会画决策树：决策树思维

思维导读：

当初站在同一条起跑线上的人，10 年后却有了千差万别的改变，可能就是因为当初的一个选择，才造成不同的人生。

我们每天都在作不同的选择，小到午餐吃什么、上班穿什么衣服、选择什么色号的口红，大到考什么样的大学、找什么样的工作、和什么样的人结婚等。

正是这些选择组成了我们的人生，而任何一个选择都有可能在未来产生“蝴蝶效应”。

当初站在同一条起跑线上的人，10 年后却有了千差万别的改变，可能就是因为当初的一个选择，才造成不同的人生。既然选择如此重要，那么有没有一种工具可以帮助我们作出最正确的选择呢？答案是肯定的，那就是顶级高手都喜欢用的一款思维工具——决策树。

什么是决策树思维呢？现代经济学的定义为：决策树是一种十分常用的分类方法。决策树是在已知各种情况发生概率的基础上，通过构成决策树来求取净现值（指未来资金流入现值与未来流出现值的差额）的期望值大于等于零的概率，评价项目风险，判断其可行性的决策分析方法，是直观运用概率分析的一种图解法。

决策树是一个树结构，可以是二杈树或非二杈树，在机器学习、数据挖掘中，使用决策树作为预测模型来对预测样本进行分类，这种决策也叫分类树或者回归树。

决策树的使用过程是，从根节点开始，向到达内部节点进行特征判断，并按照值选择输出分支，直到到达叶子节点，以叶子节点存放的类别作为决策结果。

在生活、工作中我们碰到一些比较烦琐的或不确定因素较多的问题时，我们可以尝试自己构建一个或者模仿一个决策树，结合决策树得出的客观数据，利用自己丰富的经验、学习或请教高人策略，综合评估后得出最科学、最客观、最理性的决策。

那么，我们应该如何画出一棵决策树呢？方法很简单：

第一步：画决策树（画出分支）；

第二步：分析各种概率和收益损失；

第三步：反向求解（从末端开始向前推导，确认每个分支的价值，然后在每个节点处找出自己应该作的选择）。

看不见的弹痕才最致命：幸存者偏差

思维导读：

人们所看到的，只不过是经过某种筛选而产生的结果，而大多数人都不会意识到筛选的过程，无论是筛选的过程，还是被筛选掉的，都是关键信息。

2018 年高考结束之后，“幸存者偏差”这个词在网络上迅速走红，引起万千网友讨论——到底读书有没有用呢？有网友说：“读书没有什么用，你看比尔·盖茨大学没有毕业，不照样成了世界首富吗？”还有网友指出：“网上都报道了，清华毕业生还去卖猪肉呢！”

网友们的这些结论看似没有错，其实只是从小概率的事件中得出的结论——用一小部分人的成功，得到“读书无用”的结论，从而忽略了一个很重要的结论，就是大多数生活困苦的人，其实都是因为自身接受教育的程度不够，而这一事实却被忽略掉了。

这种现象被称为“幸存者偏差”。简单解释一下便是：当我们得到的信息，仅来自幸存者时，这些信息可能与实际情况存在偏差。“幸存者偏差”是优胜劣汰之后自然出现的结果，因为非幸存者已无法发声。

人们所看到的，只不过是经过某种筛选而产生的结果，而大多数人都不会意识到筛选的过程。其实，无论是筛选的过程，还是被筛选掉的，都是关键信息。

1941 年，第二次世界大战期间，美国哥伦比亚大学统计学沃德教授接到军方通知，需要向军方提供一份关于《飞机应该如何加强防护，才能降低被炮火击落的概率》的相关建议。

沃德教授利用统计学方面的知识，对联军轰炸机受到攻击的数据进行了相关研究后发现，飞机最容易受到击中的位置是机翼，最少被击中的位置是机尾。

为此，军方得出结论“应该加强机翼的防护，因为这是最容易被击中的位置”，而沃德教授的结论是“应该加强机尾的防护”，这是为什么呢？沃德教授给出了三个原因：

——所有被统计的样本，只包括平安返回的轰炸机。

——轰炸机被多次击中机翼后，有的还能安全返航。

——机尾被击中的轰炸机，早已无法返航，而不是不易被击中。寥寥几架返航的轰炸机都是因为引擎还能运行。

最终，军方采纳了沃德教授的建议，并且在之后的实践中也证实了这一点——那些无法返航的飞机上的弹痕才是最致命的！这个故事充分说明了什么是“幸存者偏差”。

再让我们看看下面这个例子：

杰瑞毕业于美国哈佛大学，在一家跨国企业中勤勤恳恳地工作了许多年之后，他终于当上了这家企业的高管，年收入超过了99.5%的美国家庭。

然而，他们全家搬进纽约曼哈顿的富人区之后，杰瑞的老婆雪莉却越来越焦虑了。因为他们住进的富人区，左邻右舍都是亿万富翁，这些人有专门的司机、保姆，有的还有私人飞机和游艇。和这些邻居相比，杰瑞一家就显得很“寒酸”了。

虽然杰瑞的家庭收入超过了99.5%的美国家庭，甚至超过了90%的哈佛毕业生，但是他的老婆雪莉错误地将自己的家庭和那些最成功的“幸存者”相比较，所以才出现了心理落差。

“幸存者偏差”也是金融投资领域经常遇到的问题，比如投资者看到的一些关于基金回报的统计数据，如果没有经过仔细筛选和辨别，就容易受到“幸存者偏差”的影响。

选择比努力更重要：概率思维

思维导读：

我们人生中的很多事情都像抛硬币一样，最后的结果往往不受控制。概率的本质是用数值表示某件事情发生的可能性。

我们经常可以听到励志大师或职场导师站在讲台上眉飞色舞地说："选择比努力更重要。"这里所说的"选择"其实就是我们必须尽可能地提高条件概率，选择我们所能改变的势能位置。我们的势能越大，获得成功的可能性就越大，这就是所谓的"概率思维"。

从个人发展的角度来说，应该顺应时代浪潮选择适合自己的发展方向，简单来说就是在水多的地方挖井，梯子不要搭错了墙，要以概率思维去规划自己的未来。

我们人生中的很多事情都像抛硬币一样，最后的结果往往不受控制。概率的本质是用数值表示某件事情发生的可能性。硬币就只有两面，一面朝上，一面朝下。

如果在抛硬币的时候，将正面朝上的可能性用数值来表示，其概率是50%，但在现实中有限次数的统计结果却不一定是50%。人生的选择不也是这样吗？

我们可以选择正面，也可以选择反面。

当我们面对太多不确定性时，就需要运用到概率思维，远离谬误陷阱。如果想要成为人生赢家，就要让我们的胜算远远大于50%。日常生活中的概率思维有哪些呢？

乘坐飞机时的概率思维

这些年有不少关于航空事故的报道出现在我们的视野中，让我们产生一种错觉——都以为坐飞机是一件很危险的事情。可事实上，商业航空飞机的事故率十分低，飞机也是最安全的交通工具。只要懂一点概率思维，都能够淡定自若地选择乘坐飞机出行。

买彩票时的概率思维

中彩票的概率对谁来说都是微乎其微的，这个道理人人都懂。

下面我们以双色球彩票为例，来计算一下双色球彩票的中奖概率是多少。

首先，双色球中一等奖的条件是：在33个红色球中选择6个带号码的红色球，在16个蓝色球中选择一个带号码的蓝色球，选的号码要和开奖号码完全一致。

按照概率的算法：$(33\times32\times31\times30\times29\times28)\div(1\times2\times3\times4\times5\times6)\times16=1107568\times16=17721088$，约等于1772万分之一。

换句话说，中双色球一等奖的概率，比“小行星撞击地球”的概率都要小。

不过，概率小不代表完全没有可能，说不定自己就是那个幸运儿呢！所以大多数人知道买彩票中一等奖的概率微乎其微，却仍旧要买。

买股票时的概率思维

很多人对“赌徒谬误”都不陌生，这是生活中极为常见的逻辑推理方式。大多数的赌徒都倾向于相信之前的下注结果会影响到当前的下注结果，即在连续亏损之后赢钱的概率就会大大增加。

而事实上，每一次赌博都是完全独立的随机事件，与条件概率事件不一样，下一把的结果与之前所有的结果并没有任何联系，那些已经发生了的事情不会影响将来事件的概率。买彩票、股票、期货等，都是一样的道理。

那些具备概率思维的人，为什么还会买股票呢？

因为投资不是投机，靠的不仅仅是运气，在购买股票前，还需要对股市有深入的了解、对各股走势了然于心、对所购股票有全面的了解等；在购买股票的过程中，要控制好自己的情绪和资金，把握好购买的最佳时机；在购买股票之后要耐心持有，等待股票增值，不能进行频繁的买卖……

只要统计的数据足够大，那么事物的走向和结果将有更大概率靠近我们的期望值，这就是大数定律。

人生也像股票市场一样，大起大落、起伏不定，有风险、也有机遇。如果我们具备了概率思维，就能远离狂躁与贪婪，理性地分析波动的本质，在最恰当的时机作出最正确的决策。

第七章

认知思维：像心理学家一样思考

越是稀少的东西，人们越是想买到它：稀缺效应

思维导读：

现代经济学理论告诉我们：价格是商品和资源的稀缺性的信号——如果商品供不应求，那么价格可以上调；如果供大于求，那么价格要下降。这也是我们常说的“物以稀为贵”。

中国有一句古话叫“物以稀为贵”，这也是一条颠扑不破的商业法则。

创业者和销售人员对此一定有深刻的认识——越是稀少的东西，人们越是想买到它。这种思维模式被称为“稀缺效应”。只有创造一种价值的稀缺，才能更好地捕获新的用户。

我们不要小看当今的消费者，大家都见多识广，同质化的商品和服务很容易被忽略和淘汰，只有与众不同的商品和服务才能体现出价值，因为稀缺，所以更容易受到青睐。

这也是当代社会个性化、定制化商品和服务大行其道的根本原因。

现在各大网站、各种 App 都以大数据算法作为卖点，为用户定制“个性化的新闻资讯”，让用户看到的新闻资讯都在自己的兴趣范围之内。

这样用户获得了个性化的阅读体验，也让自己的知识体系越来越个性化。这些都是互联网商业中的“稀缺效应”。

大多数人都有一种心理倾向：商品的数量越少，想要购买的人越多；商品数量充足，反而没有什么人买。有的商人抓住消费者和用户的这种心理，人为地制造“商品紧缺”的假象，往往能够取得不错的促销效果。商家惜售或者囤积居奇，搞投机，这在市场上已经见怪不怪。

现代经济学理论告诉我们：价格是商品和资源的稀缺性的信号——如果

商品供不应求，那么价格可以上调；如果供大于求，那么价格要下降。这也是我们常说的“物以稀为贵”。

这些都是市场销售中的“艺术”，如果运用得当，确实能够给企业带来订单增长，但也有可能会“翻车”。因为在信息化时代，消费者仅依靠手机进行随意搜索，便能让商品价目等信息一目了然，没有理由的涨价或逼单，只会损害企业的忠诚度，导致客户流失。

“稀缺效应”在房地产行业也有所体现，因为土地资源的不可复制性，在竞争中占据稀缺资源就等于占领了市场和客户。有一些房产的销售部门在一套房子还没有卖的情况下，就对外宣称房子已预订大半，通过人为制造一些短缺，调动人们对房价上涨的预期，获取暴利。

另外，“稀缺效应”在奢侈品行业也影响巨大。由于奢侈品行业的每一样商品的数量都是稀少的，品牌方便会向消费者传达这样一种理念：我们是限量生产！我们有的东西别人没有！虽然奢侈品的价格都很高，但仍旧有人愿意花大价钱来购买，甚至有的人对于天价奢侈品尤其钟爱。

事实上，奢侈品的“贵”是不会受到质疑的，因为每一个手袋、每一只手表，都有“贵”的理由：第一，它有自己的品牌地位；第二，它有全球标准的顶端设计；第三，它的数量稀缺。以上三点足以体现出奢侈品的价值了。

制造短缺是从古至今都盛行不衰的商业法则。随着信息化时代的发展，商业竞争模式必将倾向于个性化与定制化特征，在大众商品的基础上赋予新的个性化的价值元素。

比如那些奢侈产品，就是在自己的商品中创造一种难以替代的价值元素，并在“稀缺效应”的影响下，不走大路货的道路，而是走一种个性化的限量供应提供个人价值满足的道路。

为什么“稀缺效应”在现代社会中的体现越来越明显呢？一是稀缺容易引发消费者的焦虑感，人们为了缓解焦虑更容易作出购买的行为；二是稀缺容易引起消费者“损失厌恶”的心理，生怕自己错失了稀缺的产品或服务。

虽然“稀缺效应”容易理解，但想要利用好它却不容易，还需要大量的实践与摸索。

让人们作出承诺并履行：承诺和一致原理

思维导读：

机械地保持思维的一致性，可以让我们的思维“偷懒”，逃避风险进入安全的港湾。正因为如此，我们的决策才容易被“承诺和一致原理”所影响。

“承诺和一致原理”是指当我们决定了一件事情，以后的行为就会不自觉地按照原计划来进行。这样做是让我们自己的内心产生一种“守信、坚持、执着”的感觉。如果没有坚持自己的决定，则会给自己贴上两面三刀、表里不一的负面标签。

为什么“承诺和一致原理”会让我们执着于执行以前的决定呢？

因为这种思维模式既简单机械，可以让我们省略掉思考过程中的艰辛，并且不用去考虑思考的严峻后果。当我们深度思考某个问题时，必然会耗费巨大的精力，而且思考过程中不免会触及事物的风险性，这会让我们感到疲惫而不安。

而机械地保持思维的一致性，则可以让我们的思维“偷懒”，逃避风险进入安全的港湾。正因为如此，我们的决策才容易被“承诺和一致原理”影响。

保持一致的思维模式源于“承诺”，只要我们作出了承诺，就会尽力去达成。这种思维特性常被一些以说服人为职业的人利用，比如游说者、政客、演讲家或推销员。

美国社会心理学家弗里德曼做过一个“承诺和一致原理”的心理实验：刚开始他让一位大学生带着一份有关安全驾驶的请愿书去拜访一些家庭主妇，并且请她们签上自己的名字，结果所有的受访者都签了名。

几周之后，弗里德曼又让另一位大学生去拜访两组人，其中一组是从来没有接触过的人，而另一组是之前拜访过的家庭主妇。这次拜访的目的是让她们在自家的后院里竖立一个巨大的、外观丑陋的交通安全警示牌。

最后实验的结果出来了，就和弗里德曼推测的一样，前一组只有 17% 的人同意了那个请求，而后一组有 80% 的人同意了。

弗里德曼将这种心理现象称为“得寸进尺效应”，也就是一个人接受了别人的一个小要求，那么在此基础之上，他也会倾向于接受别人提出的另一个“得寸进尺”的要求。

加拿大心理学家曾经号召多伦多居民为癌症学会捐款，结果发现假如向人们直接提出这个要求，只有 46% 的人愿意捐款，但是如果分两天进行，第一天发给人们这次活动的纪念章，并请求人们佩戴，第二天再提出捐款的请求，结果同意捐款的人数翻了一倍，为什么会出现这样的情况呢？

这是因为人们所做出的每个意志行动都具有最初的目标，面对众多场合，人们所作出的决定总是要权衡各种利弊，假如外在环境相同，人们总会选择那些简单容易的目标来接受。而人们又都喜欢表现出自己友好、合作的一面，并且有着保持形象一致的想法，既然答应了一个简单的要求，那么为了保持这种形象的一致性，即便再面临一个比较琐碎的“得寸进尺”的要求，他们也会下意识地倾向于答应。

人们之所以容易被“承诺和一致原理”所操控，是因为掉入了一个自我营造的思维陷阱——从最小的请求开始，让一个人作出一个小小的承诺，以此塑造一个自我形象，然后再提出符合这个形象的更大一些的请求，然后像“登门槛”一样达到最终的目的。

当然，想要一个小小的承诺达到这样的效果，还要满足一些条件，那就是这个承诺必须是积极的、公开的、经过努力作出的，而且是人们自由选择的。

另外，也是最重要的一点，就是让人们从内心深处对这个承诺负起责任来。这样给出承诺的人便会尽可能地让自己的行为与承诺保持一致了。

将欲取之，必先予之：互惠原理

思维导读：

互惠原理之所以奏效，是因为它利用了他人的亏欠心理。谁都不想欠下人情，所以更容易答应帮助过自己的人提出的请求。

中国人很重视“礼尚往来”。在与人打交道时，只要我们态度和气，对方也同样会以和气的态度对待我们；如果我们对别人不礼貌，别人也不会尊敬我们。

在心理学上，人的这种行为被称为“互惠原理”：在每个人的内心深处都有一杆“公平秤”，“将欲取之，必先予之”“你敬我一尺，我敬你一丈”“欠债还钱，理所当然”“你犯狠，我比你更狠”……

“互惠原理”在生活中表现为：“别人给予你了，你就给予别人；别人在剥夺你，你就想办法剥夺别人；别人怀疑你了，你也开始怀疑别人；别人爱你了，你也开始爱别人。”

“互惠原理”能够有效提升影响力，应用到现实生活中就是——我们希望得到他人帮助之前，先帮助对方一个小忙，这样得到他人帮助的可能性就会大大提高。

互惠原理之所以奏效，是因为它利用了他人的亏欠心理。谁都不想欠下人情，所以更容易答应帮助过自己的人提出的请求。

比如商场里的试吃活动，就是利用了互惠原理——如果你试吃了超市人员给你的东西，就更有可能会购买他们推荐给你的商品。再比如，卖水果的小商贩，往往会准备一些水果给顾客试吃，顾客吃了之后就更有可能产生购买行为了。

“互惠原理”虽然好用，但不是对于每个人、每件事都适用。

比如你喜欢一个女孩子，你在追求她的过程中，贸然送出一份贵重的礼物，则会起到反作用。因为你送出的贵重礼物会让女孩子产生亏欠感，如果她接受了你的礼物，表示她愿意接受你这个人，这只会给女孩子带来巨大的心理压力。如果女孩子没有接受你的想法，那么她可能会因此远离你。

在日常生活与工作中，懂得利用互惠的心理策略，不失时机地作出让步，并且要求对方给予一定的回报，能够得到更多的利益。这样的心理策略，要比“硬碰硬”的短兵相接更好。

一位销售员签了一大笔订单，客户要求必须在开业前半个月发货。

由于客户公司发生变动，客户打电话过来问：“你们能不能提前一周发货？因为我们公司发生了变动，开业时间提前了。”

这时，销售员心想：虽然交货时间比合同上提前一周，不过货物已经在仓库里准备好了，提前发货就意味着提前收款，并不是什么坏事。可是他又想，既然客户要求提前发货，那么根据互惠原则，是不是也要付出一些“代价”呢？

经过再三思考，销售员对客户说：“坦白地讲，我们公司安排发货，都是根据合同上的时间来定的，如果要提前发货的话，必须让公司重新安排调度，这是一件很麻烦的事情。”

客户立刻理解了销售员的意思，很客气地说：“我们可以多支付1%的费用作为回报。”

在任何一个谈判场合，如果双方形成了僵持的局面，只要有一方放低了自己的姿态，就等于暗示对方：“我已经让步了，你也应该让一步才对吧？”

这时候，对方通常会有默契地降低条件，从而达成共识，最终做到互惠互利。

此外，“互惠原理”还能催生出“共生思维”。什么是“共生思维”呢？

在自然界中，许多生态系统都依赖于物种间的共生关系，比如珊瑚与藻类之间、海葵与小丑鱼之间、蚂蚁与某些植物之间，都存在着共生关系。它们相互依存，密切地生活在一起……

人与人之间，其实也存在着“共生关系”。人是群居动物，只有在群体社会中才能更好地生存，一旦脱离社会群体，人的生存状态及心理状态都会出现危机。

在犹太经典《塔木德》一书中有这样一句名言："和狼生活在一起，你只能学会嗥叫，和那些优秀的人接触，你就会受到良好的影响。与一个注定成为亿万富翁的人交往，你又怎么能成为一个穷人呢？"

在与人交往的过程中，我们都应该建立这样的共生思维——与优秀的人交往，在潜移默化中受到影响，自己也会渐渐变得优秀起来。如果我们已经足够优秀了，那么就与更优秀的人交往，这样也会产生共生效应，取得更加卓越的成就。

"共生思维"还告诉我们：这个世界上只有永远的利益，没有永远的敌人。这里的利益不仅仅是指经济上的利益，更多是指个人成长上的益处。只有把利益放在第一位，才能让自己获得更多的收益和更多的成长。即使是敌人，也能给我带来成长的益处。

"互惠原理"可以帮助我们更好地建立"共生关系"，让我们与他人的联系更加紧密。不过，在运用"互惠原理"时也要注意几个问题：

第一，要学会识别他人有目的性的施惠行为，对于自己不喜欢、不接受的事情，要及时拒绝，不要因为亏欠感而做出违背自身意愿的事。

第二，不要无底线地对一个人好，那样可能会让自己形成"讨好型人格"。即使帮助别人，也应该建立在互惠互利的平等关系上，而不是委屈自己，成全他人。

第三，帮人一时，不能帮人一世，长期无底线地帮助一个人，会让对方养成依赖性，让他觉得你的帮助是理所当然的，哪天你不帮助他了，便会让他产生巨大的落差。

逆转败局的关键点：心理暗示

思维导读：

我们时常听到有人说“自己才是生命的主宰”，自己的人生是怎样的情形，很多时候可以通过自我暗示来掌控。

当我们处于一个环境中，会时刻被这个环境“同化”，因为环境给的心理暗示会让我们不知不觉地学习。人的心理特性就是容易受到暗示，这也是人类在进化中无意识地形成的学习能力以及自我保护能力。

美国著名心理学家威廉·詹姆斯曾经写过一本书《暗示心理学》，他用了很大的篇幅来告诉我们心理暗示的作用究竟有多大。威廉·詹姆斯认为，心理暗示是人的一种本能，动物的各种行为的学习、危险的躲避习惯等，也都是由于心理暗示的作用才得以实现。

自我暗示又有积极和消极的分别——积极的自我暗示就是对自我的肯定，是对于外界事物积极而有力的叙述；而消极的心理暗示，会让人对外界事物的认知形成某种心理定式，容易偏听误信，凭自己的直觉办事。

我们时常听到有人说“自己才是生命的主宰”，自己的人生是怎样的情形，很多时候可以通过自我暗示来掌控。如果你希望得到更多的快乐和幸福，如果你希望自己能够逆转败局，那么就多给自己一些积极的自我暗示。

为什么积极的心理暗示会对我们产生巨大的作用呢？让我们来看看下面这个实验：

哈佛大学的本森教授找来 20 名有恶心呕吐现象的孕妇，让她们服用一种特殊的药丸，并且对她们说：“这种药物是最新的医学成果，能够帮助你们消除或减轻妊娠反应。”其实本森教授是在对她们“说谎”，这种药丸根本不是什么新的医学成果，而是一种由淀粉片制作的普通药丸，并没有任何药用价值。可是这20名孕妇服用后都表示：“妊娠反应缓解了很多。”

本森教授又找来另外20名孕妇，给她们服用一种名为“艾匹克”的药物，它能够帮助人们呕吐，比如小孩子吃错了东西，服用它可以帮助小孩子吐出毒性的东西。当然，在进行这项实验之前，本森教授已经进行了仔细的安全服用量确认，并不会对孕妇产生不好的反应。本森教授对这20名孕妇说：“服用这些药物会让你们的妊娠反应消失的。”结果这些孕妇的呕吐现象真的停止了，并且都说感觉很好。

本森教授作出最后的总结：正是因为这些孕妇完全相信自己的话，所以才让那些药物起到了神奇的“疗效”。积极的心理暗示并不是盲目的自信，也不是对自己“说谎”，而是让自己相信复杂的事物可以通过自己的努力变得简单，相信自己有能力处理好复杂的信息，有能力作出最正确的决断。正如著名心理学家马尔兹所说：“我们的神经系统是很‘蠢’的，你用肉眼看到一件喜悦的事，它会作出喜悦的反应；看到忧愁的事，它会作出忧愁的反应。”为了让积极的自我暗示达到最佳的效果，我们在进行心理暗示的时候还应该注意两个方面：一是不要有浮躁的心理，二是不要急功近利。积极的心理暗示也是一种潜移默化的过程，如果想要一蹴而就，或者是三天打鱼两天晒网，都是不现实的。

在进行积极的心理暗示时，要注意遵循以下几个原则：

一是要坚持运用现在时态，而不是将来时态。比如“我现就要让自己快乐振作起来”，而不是“我以后会变得快乐振作”。

二是要运用最积极的方式进行暗示。比如不能说“我再也不做错选择了”，而要说“我要做对每一个选择”。这样的暗示能够帮助我们创造积极的思维形象。

三是运用的词句越简短越好。只有最强烈、最清晰、最简短的暗示才能达到最好的效果，情感传达得越多，给人留下的印象就会越深。

总之，在进行积极的自我暗示时，要让自己尽力去相信这种感觉，相信你所暗示的都是事实的存在，并且能够帮助你获得力量与快乐、帮助你逆转败局。

第一印象的重要性：沉锚效应

思维导读：

作为一种普遍的心理现象，沉锚效应存在于生活的方方面面。第一印象和先入为主是其在社会生活中的表现形式。

你知道在人际交往中“第一印象”有多重要吗？

著名心理学家洛钦斯说过：“当我们和陌生人第一次会面时，45 秒钟内就会产生第一印象，这种最初的印象会对他人的社会知觉产生十分重大的影响，并且在对方的头脑中占据着主导的地位。”

洛钦斯的观点主要反映了人际交流中主体信息出现的次序对于印象形成所产生的影响，也就是我们常说的“第一印象”。

同样的道理，我们在做决策时，思维也会受到“第一信息”的影响，这便是著名的“沉锚效应”。沉锚就是向水中抛下一个锚，船就被固定不动了。

沉锚陷阱中的“锚”是人们思维中存在的一种偏见或错误认知。如果我们的思维掉入了沉锚陷阱，同样会被这些“锚”所固定，从而作出错误的判断。

比如在一次表彰大会上，企业的高层领导对某个你并不熟悉的员工进行了一番夸奖，虽然你并不知道领导所说的是否属实，但是仍然会觉得那位员工很棒，这就是受到“沉锚”的影响，作出了错误的判断。

作为一种普遍的心理现象，“沉锚效应”存在于生活的方方面面。第一印象和先入为主是其在社会生活中的表现形式。关于第一印象的重要性，心理学家洛钦斯做过一个著名的实验。

洛钦斯虚构了一个叫“詹姆”的学生，然后杜撰了两段关于“詹姆”的故事。

这两段故事描写了“詹姆”的生活片段，从中可以看到“詹姆”的两种截然不同的性格，其中一种拥有开朗外向的性格，而另一种拥有冷漠内向的性格。

洛钦斯将这段故事进行了不同的排列组合，然后拿给中学生阅读。

两段故事的重新组合方式有四种，它们分别是：

——将詹姆开朗外向的性格放在最前面，把冷漠内向的性格放在后面。

——将詹姆冷漠内向的性格放在最前面，把开朗外向的性格放在后面。

——只出示描写开朗外向的性格片段。

——只出示描写冷漠内向的性格片段。

最后，洛钦斯将这四种重新组合的故事片段给不同的中学生看，并且让他们对詹姆的性格进行评价。其中第一组有 78% 的中学生认可詹姆是一个开朗外向的人；第二组有 18% 的中学生认为詹姆是一个开朗外向的人；第三组有 95% 的中学生认为詹姆是一个开朗外向的人；第四组仅有 3% 的中学生认为詹姆是一个开朗外向的人。

这次实验的结果充分证明了第一印象对于认知的影响力。

当我们受到“沉锚效应”的影响后，会作出错误的预判，然后再根据实际情况不断进行调整。这时候要做的就是，保持清醒的头脑，利用大脑中已经形成的理论体系及客观知识去进行思考，同时也要提醒自己：这是凭借我的思维所作出的选择，并不是绝对正确的选择。

“沉锚效应”只是对于一个人表面的非本质的评价，而这种评价会随着交往的进一步深入而不断进行修正完善，这也就是俗话所说的“路遥知马力，日久见人心”。

给对方一个便利选择：诱饵效应

思维导读：

不管见到多么便宜的商品，不管见到多少被“诱饵”衬托得极为诱人的“目标商品”，都不要轻易购买，只要牢牢记住一点就可以了，那就是“只买自己需要的那件商品”。

当我们面对两个不相上下的选择而不知道如何是好时，如果出现第三个新的选择（诱饵），则会让之前的某个旧的选择变得更有吸引力。那个被“诱饵”帮助的选择通常称为“目标”，另一选择则称为“竞争者”。这种加入第三方的博弈方法又被称为“诱饵效应”。

“诱饵效应”普遍存在于现实生活中，最典型的例子就是消费者对于商品的选择。现代经济学告诉我们：人们在做选择的时候，往往会进行各种对比。聪明的商家抓住了消费者的这种心理，为了诱导消费者作出有利于商家的选择，商家往往会安排一些诱人的“诱饵”。

关于“诱饵效应”，有这样一个经典的案例：

美国威廉斯·索诺公司首次推出家用烤面包机时，售价为 275 美元，不过并没有消费者对它产生兴趣。对于新的东西，大家都抱着观望的态度，心里充满了疑问：家用烤面包机使用方便吗？烤出来的面包好不好吃呢？售价 275 美元会不会太贵了？

正是由于消费者的这种观望态度，使得烤面包机的销量“惨不忍睹”。威廉斯·索诺公司一下子陷入了困境，为了寻求解决方案，不得不求助于一家营销调研公司。

那家公司给出的建议是：再推出一款新型号的烤面包机，个头要比原来的大一倍，价格也要提高一半左右。这个建议遭到很多人的吐槽，可是威廉斯·索诺公司的高层却采纳了这个补救方案。果然，大烤面包机推出后无人问津，可原来的小烤面包机销量却暴涨。

这是怎么回事呢?

营销调研公司在提供解决方案时，早就给出了答案：消费者在面对新产品时，心里会产生很多顾忌，而这些顾忌又无从对比，所以很难作出购买的决策。而当大的烤面包机推出时，便有两个型号可以对比——大的要贵很多，看起来也没有比小的更好，那不如就买小的了。这种选择是在对比之后作出的，而不是凭空作出的。这样一来，原来的烤面包机便热销了。

烤面包机的案例便是运用了“诱饵效应”，通过一个不合理的选项，让自己的目标选项显得更加合理。“诱饵效应”在当代营销中已经十分常见了。

很多企业会推出一些价格不菲的商品，其实销量并不高，但最终目的并不是为了追求销量，而是为了起到“诱饵”的作用，让自己的其他商品显得没那么贵，从而更能让消费者接受。另外，商场做促销活动，有的商品绑了赠品，有的商品没有，没有绑赠品的商品是绑了赠品的商品的“诱饵”。类似这样的营销策略还有很多很多，如果我们没有意识到“诱饵效应”的存在，很容易就“上钩”了。

有的时候，“诱饵”并不需要真的存在，它也可以以一种无形的形式出现。这种“诱饵”被称为“幽灵诱饵”，比如某些酒店会把已经订出去的房间大做广告、商家将某些商品标成“天价”等，其实都有“幽灵诱饵”的成分在里面。

当我们认清了商家的小把戏之后，应该如何避免“诱饵效应”的影响呢?答案很简单，就是不管见到多么便宜的商品，不管见到多少被“诱饵”衬托得极为诱人的“目标商品”，都不要轻易购买，只要牢牢记住一点就可以了，那就是“只买自己需要的那件商品”。

你可能高估了自己所拥有的：禀赋效应

思维导读：

在现实生活中，我们每个人都扮演着买家或者卖家的角色，不同的角色其思考方式、认知、动机、情绪等各方面的不同，最终导致了“禀赋效应”的出现。

“北京市区某黄金地段旧城改造，废墟中有几栋民宅赫然起立，成为‘钉子户’的居民开口要价就是一个亿，远远超出了政府的预算，导致拆迁工作陷入僵局……”

这一事件被媒体曝光之后，在网络上引起了轩然大波。网友的观点分成两派，一派认为北京的黄金地段寸土寸金，一个亿不算多；另一派认为房主高估了房屋的价值。虽然讨论的结果没有定论，但从中也能看到人们普遍存在的一个心理倾向，就是高估自己所拥有的东西。

这种心理倾向被称为“禀赋效应”，即当一个人拥有某个物品时，对于这个物品的价值评价往往比没有拥有之前要大很多。1980 年，芝加哥大学教授理查德·塞勒首次提出“禀赋效应”这个概念，用经济学的语言来描述便是：“与得到某物品所愿意支付的金钱相比，个体出让该物品所要求得到的金钱通常更多。”为了证明“禀赋效应”的存在，加拿大西蒙弗雷泽大学的经济学家杰克·奈奇教授做了这样一个实验：他拿出两样东西供人们选择：一只白瓷咖啡杯和一块 400 克的瑞士巧克力，两者的市场价格是一样的。如果是你，你会怎样选择呢？假设人们对于这两样东西的偏好都是相同的，那么绝大多数人的回答可能都是“随便”“都可以”。然而，将这两样东西分配到人们手中之后，人们却会认为自己得到的东西是最好的，并且不愿意作交换。

杰克·奈奇教授的实验数据显示：拿到咖啡杯的人中，只有11%的人愿意去交换巧克力；而在拿到巧克力的人中，也只有10%的人愿意去交换咖啡杯。可见，绝大多数人都认为自己手里的东西比别人的好，所以才不愿意拿去交换。

“禀赋效应”在行为经济学中极为普遍，它的提出对于传统经济学理论也是一种极大的挑战。在传统经济学中，人们普遍相信“科斯定理”——当交易成本为零的时候，初始产权的划分并不会影响物品的最终配置状态，因为人们可以通过交换来让物品配置到对其评价最高的那个人手里。不过，由于“禀赋效应”的存在，初始产权就变得极为重要了。

为什么人们会高估自己所拥有的东西呢？这主要和人类大脑的记忆提取过程有关。简单来说，就是买卖双方分别提出一系列顺序不同的问题来构建物品的价值，由于记忆的输出干扰，买卖双方会提取物品的不同方面属性，这就导致了两者对于物品的价值评估出现差异。

在现实生活中，我们每个人都扮演着买家或者卖家的角色，不同的角色其思考方式、认知、动机、情绪等各方面的不同，最终导致了“禀赋效应”的出现。

当然，“禀赋效应”也具有两面性，我们要做的就是在决策中规避它的负面影响，发挥它的正面效果。比如在创业过程中，面对企业的估值问题时，我们要尽量避免受到感情和动机的影响，高估了自己的企业价值；同时也可以利用“禀赋效应”，推行员工持股计划，提升企业的核心竞争力，也充分调动员工的积极性。

享受眼前快乐，漠视远期痛苦：双曲贴现

思维导读：

当我们面对长期收益与短期收益时，总是会倾向于选择及时的短期收益。这不仅是行为经济学中的常见现象，也是日常生活中的常见现象。

行为经济学中有一个术语叫“双曲贴现”，指人们在对未来的收益进行评估时，往往更看重近期使用的更低的折现率，而忽略远期使用的更高的折现率。简单来讲，就是人们更喜欢眼前较低的收入，而不愿意等待日后更高的收入。

如果有人让你做决策：选择今天，可以得到 1000 元；选择明天，可以得到 1005 元，你会如何选择呢？相信绝大多数人都会选择今天的 1000 元，原因可能就在于“双鸟在林，不如一鸟在手”。可是，同样的选择，将时间拉长一年——选择明年的 10 月 1 日，可以得到 1000 元；选择明年的 10 月 2 日，可以得到 1005 元，你会如何选择呢？

这时候，大多数的人更倾向于选择后者，因为两个选择都属于未来的折现。

“双曲贴现”理论很好地解释了人们“享受眼前快乐，漠视远期痛苦”的心理倾向。很多人下定决心要多学习、多看书，少玩游戏，可在空闲时总是忘了自己的“决心”，选择玩游戏而不是看书，因为玩游戏获利的是当下的快感，而看书获利的价值较远，不容易体现。

当我们面对长期收益与短期收益时，总是会倾向于选择及时的短期收益。这不仅是行为经济学中的常见现象，也是日常生活中的常见现象。

1960 年，美国斯坦福大学心理学家瓦特·米加尔做过一个著名的“软糖实验”：他和实验人员找来一群 4 岁左右的孩子，给每人发一颗好吃的软糖，

并对孩子们说："如果马上吃软糖只能吃1颗；如果20分钟后再吃，将奖励1颗软糖，也就是说，总共可以吃到两颗软糖。"结果，大部分孩子都没能等到20分钟之后，便早早吃掉了软糖。

而那些等了20分钟的孩子，则获利两颗软糖。

实验并没有结束，米伽尔又对这些孩子进行了长达14年的跟踪调查，结果显示：那些选择只吃1颗软糖的孩子，在青少年时代表现平平；而那些得到两颗软糖的孩子，则表现突出，他们具有一种为了更大更远的目标而暂时牺牲眼前利益的能力，即自控能力。

"软糖实验"告诉我们，在教育孩子的过程中，父母要善于利用"延迟满足"培养孩子的"耐力"，让孩子学会坚持与等待。当然，这种等待并不是压制孩子的欲望，而是让孩子明白短期收益不一定是最好的，有时候长期收益才是最好的选择。

从经济学的角度来看，"双曲贴现"会影响投资者的耐心，就像"软糖实验"中的大多数孩子一样，面对长期收益和短期收益，更倾向于后者。当我们需要作出选择时，拖延的时间是一个很重要的因素，比如周末约好同事一起去哪里玩儿，我们总是会迫不及待，因为这个近处的快乐显得很直观，我们很容易就能够感受到；如果计划着一年之后再去玩儿，快乐的感觉就像变得很模糊了。

再举一个例子：很多人计划着减肥，一想到马上就要开始一系列的节食运动等折磨，内心就会劝自己"明天再说"；如果你制订的减肥计划不是当下的，而是下个月的，或者下半年的，痛苦的感觉就不会那么直观了，从心理上也更容易接受一些了。

投资者受到"双曲贴现"的影响会发生什么情况呢？一方面，当投资者决心买入一只股票时，会如此迫切地想马上就要拥有它，以至于忽略了它正在被炒作，再等一等可能会有更合适的价位；另一方面，因损失厌恶心理，一旦投资者终于下定决心要卖掉被套的股票，这个亏损的感觉又显得如此难以忍受，以至于即使发现情况正在变好，再等一等或许可以卖得更高，也要现在动手。如果投资者能够看清这一点，就能更好地作出决策了。

人们总是倾向于走思维捷径：启发式和偏差

思维导读：

启发式思维一方面可以帮助我们快速推理出结果，有利于我们快速作出决策；另一方面又可能导致错误的结论，对我们的判断产生干扰。

日常生活中，我们运用最多的是快速而无意识的思维模式。这种思维既能够帮助我们快速思考，又会带来许多认知上的局限与偏差，其中最典型的便是"启发式偏差"。

当我们对一个复杂模糊而又不确定的事物进行判断时，如果没有行之有效的方法，就会走一些思维捷径，比如通过以往的经验进行判断。这种快速的思维模式有时可以作出准确的判断，有时却会导致判断出现偏差。当判断出现偏差时，就被称为"启发式偏差"。

2002 年诺贝尔经济学奖获得者丹尼尔·卡尼曼是一位心理学家，他之所以能够获得诺贝尔经济学奖，是因为他"把心理学成果与经济学研究有效结合，从而解释了人类在不确定条件下如何作出判断"。简单来说，在不确定的条件下，人类会通过一种启发式的思维方式进行思考。什么是启发式思考呢？就是根据以往的经验进行判断。

启发式思维一方面可以帮助我们快速推理出结果，有利于我们快速作出决策；另一方面又可能导致错误的结论，对我们的判断产生干扰。比如我们看到公交车上有一个人鬼鬼祟祟的，看起来像是一个小偷，则会认为他是一个小偷，并且提高警惕。

虽然相似性和可能性有关，所以这种判断有可能是王确的，但有可能不代表绝对的事实，有时候也会因为忽略其他相关信息而作出错误的判断。

我们对一个事物进行判断时，总是习惯以过去的经验为背景，并且倾向于“抄近路”，也就是认知启发。在这个过程中，思维并不会对有关事物的所有信息进行判断，而是以“抄近路”的方式进行思考，去感知那些最明显、对形成判断最必要的信息。

所以，启发式思维是人类最常使用、最简单快速的思维方式。不过，认知启发也很容易出现偏差。在面对不确定的事件时，人们常用三种启发方式：

第一种是表征性启发。表征性启发是指人们根据当前信息或事件与其认为的典型信息或事件的相似程度进行对比。故表征性启发往往是准确的。但当某个个体特征与其他成员不一致时，表征性启发就会产生基率谬误，即忽视事物发生的概率而进行错误判断。

第二种是可用性启发。可用性启发是指利用那些容易被联想和回忆的信息进行判断。过分依赖可用性启发的人思维不够全面，因为这意味着他们在进行判断时总是提取那些容易回忆的信息，这些信息多为对自己有利的或者刻板的。

第三种是沉锚启发。沉锚启发指的是先抓住某个沉锚点，然后逐渐调整，最终得出结论的判断方法。沉锚启发适用于判断模糊的信息，对于模糊信息，人们首先会设定一个沉锚点，降低信息的模糊性，然后再逐渐调整所作的判断。

总之，我们在对事物进行判断的过程中，很容易将自己代入其中，用自己的思维方式去作出“以己推人”的判断，因而带有强烈的主观意愿。

几乎所有人生困局，都源于同一个思维陷阱，那就是启发式偏差。它能够帮助我们快速作出判断，也会给我们“挖坑”，让我们的判断出现偏差。

因此，我们要时常意识到这一点，并且及时进行纠正。

金钱也买不到的东西：主观幸福感

思维导读：

无论穷人还是富人，获得越多，适应越多，渴望也越多，而幸福感则停留在差不多的水平。可见，金钱带来的主观幸福感是短暂的、转瞬即逝的。

如果有人让你做一个选择题：是愿意成为一个没有幸福感的富翁，还是愿意成为一个幸福的穷光蛋？你会作出怎样的选择呢？或许很多人认为，拥有花不完的金钱，就拥有了享受不尽的幸福，可现实却不是人们想象的那样。

哈佛商学院、曼海姆大学和耶鲁大学的学者曾经做过一次调查，结果显示那些所谓的富翁只有让自己的财富增长 2 到 3 倍，才能够在幸福感方面获得完美的“10 分”，无论现在他们已经多么富有了。这次调查的主要负责人迈克尔·诺顿指出：“富人无论拥有 100 万美元，还是 1000 万美元，他们的幸福感都不会随着财富的增长而增长。”

换句话说，现代人的主观幸福感并不是完全和金钱挂钩的。

什么是主观幸福感呢？它是指人们对其生活质量所作的情感性和认知性的整体评价，简单来说就是人们对于幸福的自我感受。这也是人类的共性，不断对生活环境、生活事件以及自我进行好坏评价。从这个意义上来说，一个人是否幸福，不仅仅取决于外在因素的影响，还取决于自我对所发生的事情在情绪上作出怎样的反应，在认知上作出怎样的评价。

主观幸福感简称 SWB，从 20 世纪 60 年代开始成为心理学研究热点，直到现在仍旧是心理学家们努力探索的课题，比如前几年哈佛大学推出的“幸福学”就曾风靡一时，成为最受学生欢迎的课程。

1960 年，有记者问心理学大师卡尔·荣格：“你认为，想要获得幸福感，人类的头脑里需要哪些必备的基本要素?”卡尔·荣格从以下 5 个方面回答了这个问题：

——有良好的生理及心理健康。

——人际关系（婚姻、家庭、朋友等关系）相对和谐。

——在自然或艺术中感知美的能力。

——有满意的工作及生活水平。

——有应对世事变迁的哲学或宗教视角。

尽管卡尔·荣格为人们指明了获得幸福感的基本要素，但是这些要素仍旧不能成为衡量幸福感的标准。

事实上，西方心理学家、经济学家和社会学家对于幸福感的测量，已经探索了几十年，也积累了一定的知识与经验。

不过，到目前为止，世界上还没有一种幸福感测量工具得到普遍认同，许多测量方法仍处于不断改进之中。

很多人梦想成为有钱人，认为自己拥有足够多的金钱，就会幸福。事实却不是这样，对于贫穷的人来说，获得更多的金钱可能会让他们获得更多的幸福感，因为人在“生存焦虑”中很难感受到幸福，而获得更多金钱能够让他们摆脱“生存焦虑”，获得更多的幸福感。

而对于那些摆脱了“生存焦虑”的中产阶级及富人来说，金钱与幸福感之间的关系就不再这样显著了。当人们摆脱了“生存焦虑”的困扰之后，又会陷入另一种“享乐适应”的心理状态中，即人们在获得更好的物质生活和享乐之后，幸福感会迅速适应新的变化，然后提升自己的维度，让人们需要获得更高层次的满足才能感受到幸福。

无论穷人还是富人，获得越多，适应越多，渴望也越多，而幸福感则停留在差不多的水平。可见，金钱带来的主观幸福感是短暂的、转瞬即逝的。

对于现代人来说，金钱能为满足欲望提供多种手段和工具，但它并不是获得幸福的工具。可是在现实生活中，我们却看到很多人只顾追求金钱而不去享受生活，最后让自己走向堕落，甚至让自己被贪财的欲望无情地缠绕，最后生活的主题就只剩下“金钱”二字。

因此，我们要建立正确的金钱观——除了金钱和物质上的满足，更应该了解自己的主观幸福感源于何处？或许不必让自己成为亿万富翁，但生活中平凡的小感动、小温暖，也能让我们收获满满的幸福感。

人际交往中的心理距离效应：刺猬法则

思维导读：

合适的心理距离能让你更清楚地看到事情的真相，把正确的人放在正确的心理区域内，人的思维就能得到最大的保护。

有时候，巧妙地把信息传递出去，比反复不停地传递要来得更有效果。前者是一种距离式的传递，给对方思考的余地，让对方去猜测，那么可接受性自然要强得多。通常，把信息传递出去，让对方去回味，在大脑深层形成一种印象和回声，这样就更容易被接受。

这种方法在心理学上叫“刺猬法则”，它强调的是人际交往中的“心理距离效应”。

法国的戴高乐总统就是一位很懂得运用“刺猬法则”的人。他曾说：“仆人眼里无英雄。”这说的就是人与人的交往要留有余地，即相应的心理距离，如果失去这种距离，那么再伟大的人也会变得平凡。戴高乐总统正是善于利用这种心理距离的人，所以他很好地制约着身边的人，让自己的形象不断高大起来，造成一种心理上的压迫力，从而迫使对方服从命令。

美国著名的人类学家爱德华·霍尔博士认为：双方的人际关系和他们所处的情境将决定他们的自我空间范围。从这个定位出发，人与人之间有四种心理距离：

第一种距离是亲密的距离，也叫作零距离。

拥有亲密距离的人一般是贴心朋友、家人或是恋人。

如果把不该属于亲密距离的人带入这个区域，无论对方出于怎样的目的，都会造成负面的影响，这种影响会在人的内心产生排斥感，在很多方面都会让双方陷入尴尬之中。

如果有人想要进入这个区域，又不引起反感的话，那么双方就需要长时间的接触。对每个人来说，这个区域是非常重要的，绝不能轻易向别人暴露。

第二种距离是个人间的距离，也叫分寸感距离。

这个距离仅限于熟人之间的交往，只有认识并熟悉彼此，才能出现在这个区域内。

当两个人碰面之后，相互握手，或是友好交谈，或是微笑示意，这个区域的人会控制好自己的言行，有分寸地靠近。

这个心理距离是理智的距离，也是容易让人产生心理侵犯的区域，很多思维的控制就是在这个区域产生的，因为人的本身会对外来的事物拥有一种排斥，这种排斥是与生俱来的，这主要出于保护的目的，所以想要突然之间进到零距离是不可能的，但是进入这种理智性的距离是可以的。

人一旦心理上产生困惑、烦躁、焦虑等情绪，这些情绪便易于被洗脑者利用，让你无法弄清楚事情的真相，所以一定要让自己的心理足够强大，才能让这个区域获得有效的保护。

第三种距离是社交上的距离，也叫正式的距离。

这个距离是友好者的距离，是一种过渡性的距离，因为双方之间不会产生太多的交集，往往是一面之缘，或是在某些场合经常碰面，但是不会刻意地去相处。

这个距离是从不认识到认识的一个临界点，人们在工作场合、社交聚会上便是这样的情况。这种距离使双方都有能够控制自己思维的力量，也是一种友好的表示。

如果有人想要刻意地去接触，试图从你身上或是他人身上弄清楚一些事的时候，对方的目的将变得不再纯粹。不能忽略的是，在这个区域内，单纯的语言和行为无法影响到双方的行为特点，观念性的东西更是会保持在一定的距离之内。但是，如果地位不相等，那么这种心理上的距离将得到消除，最终依靠强大的气场和人格魅力，而使别人接受自己的观点。

第四种距离是公众间的距离，即不可联系的距离。

处于这个距离的两个人不会发生太多的联系，基本属于陌生人的状态。因为在足够开放的空间内，人的思想将拥有更多的可选择性和自由性，一旦交往得到限制和制约，那么就不可能产生交集，也就没有思想的碰撞和意识的博弈。公开演讲者常常具有蛊惑性，这种蛊惑性让操作成为可能，只要有自主意识，这种蛊惑也就失去了力量。

合适的心理距离能让你更清楚地看到事情的真相，把正确的人放在正确的心理区域内，人的思维就能得到最大的保护。合适的心理距离会让人与人之间的关系变得更明朗，只要运用得当，那么就会在你的人生之中产生非凡的效果。

第八章

建模思维：像工程师一样思考

将细节进行量化：SOP 思维

思维导读：

如果把 SOP 思维迁移到任务管理中，就是将日常学习或工作上的流程梳理清楚，把每一个步骤做什么，需要哪些资料，要完成什么目标，要注意哪些事项，等等，都整理成文案形式的说明或指导手册。

工程师对 SOP 一定不陌生，它又叫标准作业程序，是工业生产领域的重要概念。

SOP 的精髓是将细节进行量化，通俗来讲，SOP 就是对某一程序中的关键控制点进行细化和量化。如果把 SOP 思维迁移到任务管理中，就是将日常学习或工作上的流程梳理清楚，把每一个步骤做什么，需要哪些资料，要完成什么目标，要注意哪些事项，等等，都整理成文案形式的说明或指导手册。

这样在解决类似的问题时，就可以略过动脑环节，直接上手操作了。这样能够最大限度地节约时间和精力成本。比如我们熟悉的“二八法则”，其实就是一种 SOP 思维。

通过使用 SOP 把常规非创造性的任务形成标准化手册，不需要动用我们的精力和脑力就可以完成，还省去了回想、询问、返工等环节的时间，帮助我们又快又好地完成任务。

这么优秀的思维模式，应用到现实生活中会产生什么样的效果呢？

如果你办理过出境游的签证，就知道那是一个多么烦琐、多么让人头疼的过程。曾经有人在网上抱怨过，办理一个出境游签证需要走多少个部门——在职证明找人事处，盖章找院办公室，在此之前还有一份用印申请要找好多领导签字，还有事业单位法人证书，组织上过了，还要去打银行流水，还有存款证明，资产证明……

这样一个复杂的过程，任谁遇到都会头大。这种情况下，如果能运用SOP思维，将过程流程化，办理签证就会变得容易很多。

此外，SOP思维还可以运用在验车、处理违章、报销等方面，甚至我们出门上班的过程，都可以用到SOP思维。关于SOP思维，我们还需要了解几个重点：

第一，SOP是一种程序，是对一个过程的描述，不是一个对结果的描述。同时，SOP不是制度，也不是表单，是对流程下面某个程序中关键控制点如何来规范的程序。

第二，SOP是一种操作层面的程序，是实实在在的、具体可操作的，不是理念层次上的东西。如果结合ISO 9000体系的标准，SOP属于三阶文件，即作业性文件。

第三，SOP是一种标准的作业程序。所谓标准，在这里有最优化的概念，不是随便写出来的操作程序都可以称作SOP，而一定是经过不断实践总结出来的在当前条件下可以实现的最优化的操作程序设计。说得更通俗一些，所谓的标准，就是尽可能地将相关操作步骤进行细化、量化和优化，细化、量化和优化的度就是在正常条件下大家都能理解又不会产生歧义。

第四，SOP不是单个的，是一个体系。虽然我们可以单独地定义每一个SOP，但真正从企业管理来看，SOP不可能只是单个的，必然是一个整体和体系，也是企业不可或缺的。

总之，在处理常规任务方面，SOP思维是节省时间精力的最佳神器。

将一切视为系统：系统思维

思维导读：

系统思维是一种逻辑抽象能力，又被称为“全局观”或“整体观”。系统思维就是把事物作为一个系统来看待。

生活中，我们时常会听到这样的话：

“这是一个复杂的问题，是一个系统性问题，而不是哪一个部门、哪一个人的问题。”

“希望大家不要脚疼的时候医脚，头疼的时候医头，要系统性地思考和解决问题。”

“这个人系统思维真强，把问题解释得真透彻！”

这些话中提到最多的就是“系统思维”，那么，到底什么是系统思维呢？

系统思维是一种逻辑抽象能力，又被称为“全局观”或“整体观”。系统思维就是把事物作为一个系统来看待。想要理解系统思维，首先应该明白什么是系统。生物学中有生态系统，是指一个能够自我完善，达到动态平衡的生物链，比如一个池塘就是一个生态系统。

系统一般是指可以封闭运作的，可以自我完善，并且能够动态平衡的物品集合。系统是一个概念，反映了人们对事物的一种认识论，即系统是由两个或两个以上的元素相结合而成的有机整体，系统的整体不等于其局部的简单相加。这一概念揭示了客观世界的某种本质属性，有无限丰富的内涵和外延，其内容就是系统论或系统学。

系统论作为一种普遍的方法论是迄今为止人类所掌握的最高级思维模式。系统思维能极大地简化人们对事物的认知，给我们带来整体观。因此，在进行系统思考时，要注意几个问题：一是避免表面思考，系统思考应该靠近本质而不是表面；二是避免静止思考，系统思考应该是动态的而不是静止的；三是避免分割思考，系统思考是整体思考而不是局部思考。

在日常生活、工作、学习中，最常见的几种系统思考方法是：

整体思考方法

思考事物时，把事物当成整体的一部分，考虑到事物与环境的关系，事物内部要素的组成及相互关系；现在很多工作都需要分工合作才能够完成，因此我们在做任何事情时，不仅仅要考虑到工作本身的质量、效率、成本，而且要考虑到此项工作的目的、有哪些关系人、他们对此有何需求、自己的工作质量对他们有什么影响、自己是否可以做得更好等。即使只做部分工作，我们的思维也要有整体观、全局观。

动态思考方法

所有系统都是运动的，都有其发展规律，都有诞生、发展、消亡的过程。

我们以系统思维看待时，不仅仅要看到事物的现在，而且要看到事物发展的未来，未雨绸缪，做好预防及善后工作。企业是一个系统，对外，它时刻保持着与社会、市场的信息交换（广义的信息输入和输出）；对内，既要组织人、财、物生产，又要实施产品生产，还要进行信息生产。这一动态过程，决定了人们必须用动态思想去思考问题。

实践中，要有明确的时空观，在判断、分析和处理问题时，要充分考虑时间的继起性、空间的并存性、原因的多样性和问题的发展性。

本质思考方法

面对纷繁复杂、微弱变化的问题，既不能忽视它，也不能仅停留在现象上，要透过现象看到它本质的东西，并主动做到未雨绸缪。

人的头脑习惯于注意幅度较大的变化，我们要学会看出缓慢、渐进的过程，用一个成语形容，就是要防微杜渐，把问题解决在萌芽状态。按照历史时期来划分，可以把系统思维方式的演变区分为四个不同的发展阶段：古代整体系统思维方式—近代机械系统思维方式—辩证系统思维方式—现代复杂系统思维方式。

一切皆有可能

思维导读：

这个时代本来就存在太多的可能性，如果我们觉得很多事情“不可能”，那最大的可能性就是我们的认知有限，但凡超越我们认知的事物都变成了“不可能”。

风靡世界的李宁品牌有一句家喻户晓的广告语：“一切皆有可能!”

这不是一句“鸡汤文”，而是现实世界中存在的一种现象，也是大多数成功人士所推崇的思维模式。这个时代本来就存在太多的可能性，如果我们觉得很多事情“不可能”，那最大的可能性就是我们的认知有限，但凡超越我们认知的事物都变成了“不可能”。

霍金曾经说过：“宇宙未来有两种可能性：一是继续膨胀下去，一是收缩以至于坍缩成一个点。”无论霍金的观点是否正确，都足以说明人类科学的视角已经延伸至遥远的宇宙未来——现今人类可观测到的宇宙，可能只是冰山一角，这也是关于宇宙的可能性。

根据现在人类所掌握的科学可以知道：138 亿年前宇宙诞生；46 亿年前地球诞生；而人类存在的时间不过区区数百万年，与 138 亿年和 46 亿年相比是微不足道的。

事实上，现代人的历史最多 1 万年左右，而人类文明从有文字记载算起，也才 6000 年左右，至于人类科学的飞速发展，甚至是近三四百年的事情。你能够想象这样的情况吗?

人类仅以数百年的科技发展，就让人类文明实现了质的飞跃，让科学的视角走出地球，开始探索遥远的宇宙，这确实是一件让人感到不可思议的事情!

未来人类科学水平会发展到什么程度，谁也不知道，但有一点可以肯定，那就是充满了各种可能性。我们可以让想象力自由驰骋：也许未来人类完全破解了基因秘密，揭开了生命的奥秘，实现了长生不老；也许未来人类进入了完全智能化的时代，每天与智能机器人生活在一起，生活中的衣食住行都离不开机器人；也许未来人类发现了外星文明，星际战争由此爆发；也许未来人类开始移居其他星球，在宇宙各个地方建造了美好的家园……

地球上有60多亿人口，每个人都是独一无二的存在，每个人都拥有独特的出生和经历，同时每个人都拥有无穷的可能性。我们不能断言，一位平民无法步入政坛，无法站在权力的顶端；也不能否定一位乞丐可以一夜暴富，成为千万富翁。

所以，一切皆有可能！每个人的未来都是充满可能性的，无论他处于社会的哪个层次，无论有什么样的经历，都有可能获得成功。哪怕是天生残疾的人，也能创造奇迹。

霍金就是最典型的例子，他身患瘤疾，相当于一个植物人，但是凭借自己的大脑，以及两根能动的手指，他却畅游科学的海洋，甚至推动了人类的科学进程。在霍金身上，我们看到了可能性迸发出的迷人光彩。其实每个平凡之人都能踏上不平凡之路，只要他愿意付出努力，将所有的可能性都变成现实。不设限的人生，更容易缔造奇迹。

心理学上有一个著名的“皮格马利翁效应”：在古希腊的美丽传说中，有一位叫作皮格马利翁的雕刻家，他用象牙雕刻出一位清新典雅的美女，并且深深地爱上了她。皮格马利翁每天对着雕刻的美女发呆，并且乞求天神能够将她变成活生生的人。他对雕刻美女的爱最终感动了爱神阿佛洛狄忒，爱神将雕刻美女变成了真人，然后和皮格马利翁幸福地生活在一起。

这个美丽的传说告诉我们一个道理，那就是“期待什么就会得到什么”，这也是心理“高度”所创造的奇迹。只要一个人能够充满自信地期待着，那么真正相信的事情就会顺利进行。相反，如果你认为自己期待的事总会受到阻碍，那么这些阻力就真的会产生。

这个理论是由哈佛大学的心理学家罗森塔尔提出的，他说：“皮格马利翁效应还被称为期望效应，它也是常识教育的基础理论，只是它的价值没有得到足够认可罢了。”

在时代的残酷竞争中，假如我们画地为牢，心里藏着太多的“不可能”，那么永远都只会被现实打败，连反抗的想法都没有。相反，假如我们能够勇敢突破自我限制，不断超越自我，成就卓越，那么，所有的“不可能”都将变成可能，一切都皆有可能！

追求最优方案

思维导读：

当“退而求其次”变成一种习惯之后，不尽如人意也会形成一种惯性，哪怕事事不尽如人意，也会选择不断妥协。而在不断妥协的过程中，人们也越来越平庸，越来越失败，直到自己步入了“低端人生”，仍旧安慰自己平凡可贵！

如果有一堆好吃的零食放在你面前，你肯定选择最贵的，或者自己最喜欢吃的；如果有一堆方案放在你面前，你肯定也会选择最优方案去执行……每个人都希望把事情做得最好，自己也得到最好的回报，所以，“追求最优”渐渐成了大脑中最具积极性的思维模式。

一次，在百度高层会议上，有员工在汇报项目进展时说：“我们这个产品比上一个版本好了太多。”李彦宏听了没有表现出一点高兴，而是反问了一句：“你这个产品做得是不是比市场上所有的竞争产品都要好，而且明显的好？”

这便是“追求最优”的思维模式：要选就选最好的，要做就做第一。

哈佛大学集中了全美甚至世界最优秀的学生，他们的校训是“追求卓越”。

现任哈佛校长福斯特曾在哈佛毕业典礼上说过这样一段话：“我听过你们谈论未来，知道你们的烦恼。我也知道你们担心收入，担心职业选择，担心人生的意义能不能实现。我要对你说的是，只有试过了才知道。不论是绘画、生物还是金融，如果你不去尝试做你喜欢的事，如果你不去追求你认为最有意义的东西，你会后悔的。人生的路很长，总有时间去实施备选方案，但不要一开始就退而求其次……”

福斯特校长鼓励学生“追求卓越”，勇敢去选择人生的“最优方案”，而不是“备选方案”。然而在现实生活中，“追求最优方案”的人不多，“退而求其次”的人却不少。

有的人一直想找一份自己喜欢的工作，几次碰壁后便降低标准，心想只要能够挣到钱就行了；有的人曾经坚持自己的原则，有自己的主张，后来经历了几次人际矛盾，便有了“顿悟”，认为做人不必太较真，马马虎虎就行了……

这些都是“退而求其次”的表现。如果我们总是这样“退让”，生活中、工作中、学习中又如何能做到“最好”呢？

“退而求其次”的心理在体育赛事中也有所体现，比如有的运动员对比赛缺乏自信，便降低预期的成绩，认为自己不必去争夺冠、亚军，能够获得铜牌或名次就行了。这种心理会大大影响体育竞技精神，降低运动员的比赛热情，并且让运动员无法发挥自己的极限。

在任何一场体育赛事中，运动员对于比赛结果的满意程度都和自己的预期密切相关，结果比预期的要好，运动员就会很高兴；结果和预期差不多，运动员的情绪达到基本满意；结果没预期的好，则运动员的情绪就会很低落。如果在比赛开始前，就降低自己的预期成绩，那么就会获得相对“满意”的比赛结果，但是这种“退而求其次”的心理，却像是自己营造的舒适区，让运动员难以突破自己，获得更好的比赛成绩。

福斯特校长将“退而求其次”的心理比喻为“停车位理论”：一个人去到一个风景优美，但是车流量巨大的风景区，他认为自己肯定找不到停车位了，于是便将车停在距离目的地 20 个街区远的地点。可事实上，目的地究竟有没有车位，他自己也没有确定的答案。他只是选择了“退而求其次”，而不是去到目的地，等没有车位再绕回来。

在日常生活、工作和学习中，我们不是时常会选择“退而求其次”吗？

有的人甚至将“退而求其次”当成一种处世智慧，自欺欺人地告诉自己：要学会“知足常乐”，要懂得“退一步海阔天空”。当“退而求其次”变成一种习惯之后，不尽如人意也会形成一种惯性，哪怕事事不尽如人意，也会选择不断妥协。而在不断妥协的过程中，人们也越来越平庸，越来越失败，直到自己步入了“低端人生”，仍旧安慰自己平凡可贵！

所以，从现在开始，要“追求最优方案”，要“追求卓越”。

从整体思考到局部：金字塔原则

思维导读：

如果仅从文字上来看，“金字塔原则”没有什么突出的地方，但它却能够帮助我们解决很多问题，比如当我们需要解决问题时，可以从下到上收集论据，归纳出中心思想，从而建造成坚实的金字塔。

普通人和工程师最大的区别在哪里？可能就是思维模式上的差别：普通人的思维模式可能是混乱的、发散的、纠结的，而工程师的思维模式更有条理性，像建筑模型一样思路清晰。

如果你千辛万苦完成了一次重要报告，听者却不知所云，满脸疑惑地望着你；如果你盯着电脑中拖延已久的文案，却不知道如何下手；如果你在与人交谈时，无法完整清晰地表达自己的想法……那么，你的思路可能真的有问题。这时，你可能需要学习一下“金字塔原则”。

“金字塔原则”是由麦肯锡国际管理咨询公司的咨询顾问巴巴拉·明托提出来的一种结构化思考和表达的艺术。简单来说，就是一种“从整体思考到局部”的思维模式。

其实，世界上的绝大多数事物都可以归纳出一个中心论点，此中心论点可以由 3 ~ 7 个论据支持；这些论据本身也是论点，被下一级的 3 ~ 7 个论据支持；如此延伸下去，就能够形成一个思维方面的“金字塔”了。

“金字塔原则”概括起来只有 16 个字，那就是：结论先行、以上统下、归类分组、逻辑递进。简单来说就是：先重要后次要，先总结后具体，先框架后细节，先结论后原因，先结果后过程，先论点后论据。

——结论先行。一篇文章中只有一个结论，这个结论是下级推论的概括。

——以上统下。每一层次的思想观点必须是对下一层次的思想观点的概况。

——归类分组。每一组的思想观点必须属于同一范畴。

——逻辑递进。每一组的思想观点必须符合逻辑顺序，比如时间顺序、结构顺序等。

如果仅从文字上来看，“金字塔原则”没有什么突出的地方，但它却能够帮助我们解决很多问题，比如当我们需要解决问题时，可以从下到上收集论据，归纳出中心思想，从而建造成坚实的金字塔。当我们将大致的目标确定下来之后，解决问题就会变得轻松很多。

我们在汇报工作、年终总结、成果交流的时候，也可以运用“金字塔原则”。比如问题已经解决，我们可以从上到下，只汇报中心论点和一级支持论据，上级领导就能够很容易理解了。

另外，对于管理者来说，“金字塔原则”同样适用，比如领导可以根据一个中心论点，列出 3 ~7 个论据支持；然后将它们交代给不同的下属；等下属提交报告之后，再根据“金字塔原则”汇总排列。这样管理起来既轻松又严谨，也不容易出错。

注重细节：别让小错误引发破窗效应

思维导读：

事实上，细节上的小事情，才是真正锻炼人的地方，只有做好每一个细节，将每一个细节所涉及的背景知识及技能掌握好，才能让自己的能力得到提升。

注重细节是工程师身上最显著的特性。工程师必须在实践中掌握大量的细节，才能让工程设计中的每一个环节都不出现纰漏，否则就可能出现“千里之堤，溃于蚁穴”的尴尬局面。

在普通人的生活、学习、社交以及未来的人生规划中，细节都占据着举足轻重的位置。正如漫长的人生是由一个个短暂的“今天”组成一样，任何成败得失都是由无数细节构成的。

很多人拥有远大的理想，正是因为想成就“大事业”，想做“大事情”，所以总是想一步登天，对于一些细节上的问题却不屑一顾。

我们身边不是有很多这样的人吗？他们做事情总是“挑大弃小”，好像只有“大事情”才能显示自己的能力，而“小事情”只是在浪费自己的时间。

事实上，细节上的小事情，才是真正锻炼人的地方，只有做好每一个细节，将每一个细节所涉及的背景知识及技能掌握好，才能让自己的能力得到提升。

这样在更加重大的决策中，才不会出现手忙脚乱的情况。

惠普创始人戴维·帕卡德曾经说过：“小事成就大事，细节成就完美。”

什么是细节？细节就是细致微小的环节或情节，有一个比喻说：细节就是转动链条上的扣环，是参天大树上的枝叶，是广阔田野上的萌芽……

细节虽然很微小，可是却永远也少不了。

由于细节过于微小，所以经常会被人们忽视，或者被嗤之以鼻。细节因其“细”，也经常让人感到烦琐，让人不屑一顾。不过，很多事情的成败又总是受到细节的影响。

行为心理学家告诉我们，任何一个行为都不是完全独立的存在，它的产生与进行都会和其他一连串行为发生关系。也就是说，任何一个行为都会影响到其他行为。当你犯下一个小错误之后，如果没有及时弥补和解决，肯定就会连带出其他更大的错误。因为小错误会引发“连锁反应”，从而使一个“细微的”错误行为导致更大的错误发生。

哈佛大学的威尔逊教授所提出的“破窗理论”，也能够说明放任细节上的小错误会产生多大的危害性。所谓“破窗理论”，是说如果有一个公共建筑物的一扇窗户被损坏了，没有及时修补，那么这个建筑物的其他窗户也会被损坏。

“破窗理论”的核心思想表明，环境可以对一个人的行为产生强烈的诱导与暗示。如果一个人犯了细节上的小错误而没有及时弥补或修正，那么他就会犯更多的错误，因为某些错误已经损坏了一扇“窗户”，那么再犯几个错误，再损坏几扇“窗户”又有什么不同呢？很多人正是因为有这样的心理，才放任自己去犯错，对于很多细节上的小问题都视而不见。

一个人犯了小错时，心里的第一想法就是认定它是一个“小”错，因为“小”，所以问题不大，甚至可以直接忽略掉。这是人的一种惯性思维。可事实上，小错不一定简单，很多人都会因小失大。尤其是在作决定的过程中，很多细节上的小问题必须引起你的足够重视，所谓防微杜渐，就是要将可能出现的大错误消灭在最初的阶段。

在约束条件下进行设计

思维导读：

大脑的思维也需要一定的规则限制，就像火车只有在预先设定好的轨道上行驶，才能保证自身的安全，我们的思维也只有在预先设定好的模式中运行，才会更有效率，更有安全感。

有的人喜欢在约束下进行设计，因为在一定约束条件下，大脑的执行网络将被激活，这样更有利于大脑的创新。这可能与传统的观念有些不一样，因为在大多数人的认知里，创新就要减少各种条件的限制，给设计者最大限度的自由。

太多的约束条件可能会影响到创新，但没有约束或约束太少，同样不利于创新。因为大脑的思维也需要一定的规则限制，就像火车只有在预先设定好的轨道上行驶，才能保证自身的安全，我们的思维也只有在预先设定好的模式中运行，才会更有效率，更有安全感。

为此，我们思考或者做事，必须在大脑中建立“规则意识”。社会是由各种规则维持着秩序，无论这些规则是客观存在的，还是人为设定的，只要是大众认可的规则，都具有一定的制约性。

人的行为必须在一定范围内得到规则的许可，这样才是可行的行为，而不是完全无拘无束的行为。人的思维也是如此，建立在规则之上，有各种条件的限制。

假如世界上没有规则，人类社会将陷入一片混乱之中。同样的道理，如果设计没有约束，思维也会变得混乱，没有条理、没有方向、没有灵感。从某种意义上来说，规则或约束条件也能给我们指明方向，让我们不至于“出格”，从而设计出符合时代需求的作品。

规则如此重要，那么但凡是规则，我们就需要遵守吗？当然不是！

在不断重复的、相同的思维模式中进行思考，创新便无从谈起。

有一次，爱迪生将一个形状不规则的灯泡交给自己的助手，让他准确地算出灯泡的容积。

这位年轻的助手平日里恃才傲物，只见他接过灯泡，轻飘飘地说了一句：“太简单了！”可两个小时过后，爱迪生过来问他答案时，却只看到桌子上写满了各种数学公式，唯独没有最终的答案。这时，爱迪生走过去，拿起一杯水倒满灯泡，然后将灯泡里的水倒入量杯中，灯泡的容积就被轻而易举地显示了出来……

对于年轻的助手来说，他头脑中的数学公式，正是平时所熟知的规则，但这些规则并没有让他算出最终的答案。爱迪生只用了一个简单的小方法，便轻易打破了规则，并且得到了最终的答案。这便是打破规则带来的力量！

有的规则我们必须遵守，有的规则却可以被打破。因为规则并不是一成不变的，有的规则缺乏公正性，有的规则不适应形势和现实的需求，这些规则都可以被打破。而且，并不是所有规则都能给我们带来益处，有的规则会限制我们的行为与思想，让我们逐渐失去创新的精神。

打破规则，有时带给我们的不仅仅是行为上的自由，还有思想上的自由。

当常规的大门向我们紧闭之时，我们要做的就是打破常规，寻找另一条出路。或许规则能够让我们活得安全、轻松、有秩序，但一味地遵守规则却会让我们活得麻木而机械化，很多人不都是自愿成为社会大链条中的一个小链条吗？

所以，最好的生存状态就是一只手遵守规则，另一只手打破规则。遵守规则能让我们的行为和思想规范化，而打破规则能让我们突破创新，创造奇迹。

有风格，而不是千篇一律

思维导读：

现实告诉我们，被规则束缚的灵魂都千篇一律，我们也渐渐活成了同一种形状，没有自己的想法，没有自己的风格，甚至不再思考我们内心想要的是什么。

建筑师要有自己的风格，设计出来的作品才有自己的灵魂，否则就只是平常甚至平庸的建筑物。有独立风格的建筑让人终生难忘，而缺乏风格的建筑都是千篇一律，让人过目就忘。

在现代建筑历史上，贝聿铭被称为“最后一个现代主义建筑大师”。他始终坚持着自己独创的现代主义风格，赋予建筑物以人格，并且注入东方的诗意美。由他设计的每一座建筑，都是东西方文化的交融点，在建筑界中也是独一无二的存在。

从美国国家美术馆东馆、肯尼迪图书馆，再到卢浮宫广场的玻璃金字塔，贝聿铭的名字成为一个时代建筑的象征。他设计的每一座建筑都让人们赞叹不已，人们在欣赏他的伟大建筑时，也很钦佩他所拥有的想象力和创造力。

他是如何跳出前人的思想“套子”，获得独创性的设计灵感呢？

这一切，都和贝聿铭在哈佛的求学经历有关。他在哈佛学习建筑学期间，教授很少会给学生们灌输有关世界著名建筑的理论知识，而是给学生们自主学习的空间，让他们去设计、构建自己心中的建筑。

教授告诉学生们：“每一个建筑都是有自己生命的，但并不是每一个人都能唤醒它们。”

贝聿铭成功地唤醒了自己心中的建筑，并且赋予它们独一无二的思想。

在哈佛学习期间，他便设计了许多建筑作品，这些作品也得到哈佛教授的肯定与指导。教授对贝聿铭说："有一天，你一定会把它建造出来。它将是世界上独一无二的建筑。"

那时，贝聿铭设计的建筑作品还不成熟，与世界著名建筑相比，显得有些稚嫩，但是与那些建筑具有的想象力相比，他的作品却不会输给任何一个有名的建筑！

思想的光辉在他之后的建筑作品中越来越闪耀。无论是夸张奇崛的造型美，还是极具艺术感的内涵意蕴，都是建筑史上的一次次突破和一次次飞跃。

在建筑师贝聿铭身上，我们看到了创造性思维的魅力。

我们从小就生活在各种规则制度中，从小就被教育应该做什么，不应该做什么，无论上学、找工作，还是婚姻大事，都被套牢在一个个框架之中，习惯于按照长辈规划好的人生道路前进。渐渐地，我们都失去了自己的风格，甚至连一件小事都习惯于随波逐流，不愿意去思考，因为我们总以为长辈规划好的路线都是对的，行走在规则之中就不会有错。

现实却告诉我们，被规则所束缚的灵魂都千篇一律，我们也渐渐活成了同一种形状，没有自己的想法，没有自己的风格，甚至不再思考我们内心想要的是什么。

当一个人的思想被"套"住时，就会变成契诃夫笔下的"装在套子里的人"，思维固化，害怕挑战或改变，总是沉浸在"我不能"的困境中，更无法专注地做事、工作和学习。

美国思想家爱默生说："相信自己能，便会攻无不克。"

那些优秀的人才，总能打破思维定式，让自己站在人生金字塔的顶端。因为他们从来不相信自己会一直失败，他们的字典里也没有"放弃、不可能、做不到、没办法、没希望、行不通"这些负面字眼。他们有自己的风格，有自己独立的思维，并且按照自己的方式生活。

在这个世界上，有风格的建筑才不平庸，有风格人的才不平凡！

第九章

比率思维：像会计一样思考

量入为出，收支平衡：平衡思维

思维导读：

一家企业想要正常运营，就离不开支出和收入。支出成本过高，收入过少，企业就面临着亏损问题；相反，企业收入大于支出成本时，则属于盈利。

在经济学中有一个概念叫“收支平衡点”，它是总成本和总收入相等的点。尽管付出了机会成本，并且资本获得了风险调整后的预期收益，但没有净损失或收益，甚至有“收支平衡”的情况。收支平衡简单来说就是所有必须支付的费用均已支付，既没有利润也没有损失。

一家企业想要正常运营，就离不开支出和收入。支出成本过高，收入过少，企业就面临着亏损问题；相反，企业收入大于支出成本时，则属于盈利；支出和收入相同，则处于平衡状态。这种平衡思维可以用“量入为出，收支平衡”8个字来概括。

如果把经济学中的“平衡思维”放到现实生活中应该如何运用呢？

让精力保持平衡

人的精力是十分有限的，不会源源不断、用之不竭。人们在调动精力的时候，也并非只是一个维度上的调动，而需要体能、情绪、思维和精神上的相互协调。所以我们应该管理好自己的精力，量入为出，让精力的消耗和补给始终保持平衡。

在日常生活中，每个人都需要不断支出和补充自己的精力。

父母工作、做饭、做家务或者进行其他娱乐活动，需要支出精力；孩子学习、做作业、看电视也需要支出精力。当然，在支出精力过后，我们也需要补充精力。正如手机需要电池的能量才能正常运转，在进入低电量模式后需要及时充电一样，人的精力在不断消耗之后，也需要及时休息，让精力得到补充。

日常精力补充的方式有两种，一是每天睡眠的长休息，二是活动间隙的短休息。

让情绪保持平衡

情绪本身就具有两面性，正面情绪能够让人获得积极向上的力量，让人快乐、沉着、冷静，创造和谐的氛围；而负面情绪会让人沉溺在烦恼、悲伤、痛苦之中而无法自拔。

因此，我们要努力找到正面情绪和负面情绪的平衡点，让自己多处于正面情绪中，少被负面情绪所影响。即使处于负面情绪中，也要学会“化悲痛为力量”，从负面情绪中找到积极的力量。

亚里士多德曾经说过：“生活的本质在于追求快乐，而让自己的人生变得快乐的途径有两种：不断地发现有限生命中的快乐时光，并增加它；发现那些令自己不快乐的时光，并尽量减少它。”

负面情绪的危害有多大，不用多说，但是想要消灭、扼杀一切负面情绪，却是不可能实现的事情。人不可能没有情绪，也不可能永远处于正面情绪之中，关键在于找到正面情绪和负面情绪的平衡点，让正面情绪不断增加，让负面情绪得到疏解。

负面情绪如同洪水一样，越是遏制，越会产生巨大的威力，所以我们不能拒绝、逃避负面情绪，而应该以平和的心态将情绪的洪水引流到不同的位置，让它安全渡过大坝，变成生活中的“涓涓细流”，滋养而不是摧毁自我及身边的人。

让理性与感性保持平衡

著名心理学家丹尼尔·卡内曼根据人类的理性与感性思维，提出了“两个系统”理论，也就是大脑处理信息时往往依赖于“两个系统”，其中一个系统倾向于感性，它能够快速地、自动化地、情绪化地处理信息；另一个系统倾向于理性，它能够逻辑性地、有意识地、慎重地处理信息。

通常情况下，人们在处理一些简单的信息时，会运用到感性思维；而在处理一些复杂的信息时，则会运用到理性思维。

无论是理性的人，还是感性的人，都只能说明他们的思维方式更加倾向于理性或感性。事实上，每个人的大脑都是理性与感性并存的，没有绝对理性的人，也没有绝对感性的人。

理性和感性就像一条长轴上的两端，没有人站在两个极端上，大家都位于两者之间的某个位置上，而且人们所处的位置也不是一成不变的，而会根据各种因素不断变化。

当然，每个人的思维习惯不同，即使面对同样的问题，有的人也更依赖于直觉的、情绪化的、反应迅速的感性思维，而有的人却依赖于客观的、慎重的、有意识的理性思维。

这个世界是理性与感性并存的，同样地，每个人也需要理性与感性的并存——在生活中应该让感性多于理性，这样才会显得有“人情味”，才能更好地与人相处；在学习和工作中，则应该让理性多于感性，这样才能理智地思考和判断问题，提高学习和工作的效率。

除了以上三个方面，“平衡思维”还可以应用在时间管理、健康管理、资金管理等多个方面。它更像是一种“中庸”思维，保持平衡，才能稳步提升。

付出1倍努力，获得10倍回报：杠杆思维

思维导读：

杠杆思维能让我付出1倍努力，获得10倍回报。如果你觉得杠杆思维是在忽悠人，那么只能说明你的格局太小了，并且缺少经济学的眼光。

资本主义的两大核心秘密之一，就是杠杆思维。什么是杠杆思维呢？通俗易懂地说，就是一个人花费和别人一样的努力，却获得更多倍数的回报。这和传统观念中的“一分耕耘，一分收获”相矛盾。杠杆思维能让我付出1倍努力，获得10倍回报。

如果你觉得杠杆思维是在忽悠人，那么只能说明你的格局太小了，并且缺少经济学的眼光。举一个简单的例子：马云和清洁工一天同样6点早起，一天同样工作12个小时，为何清洁工和马云的收入差百万倍？这就是因为马云和清洁工的思维模式不一样。

其实，杠杆思维不仅在金融领域很常见，在日常生活中也比较常见。

人脉杠杆

网上有一个词很流行“Man Keep”，可以翻译成“人脉经营”，还有人根据发音将它说成“脉客”，也就是善于运用人脉、善于经营和管理人脉的人。

进入新时代，人脉圈子的建立已经变得越来越重要了。如果你能够进入一个优质的人脉圈子，就意味着拥有了巨大的人脉关系网络。相反，如果你成为局外人，就会被淘汰出局。

斯坦福大学的研究中心曾经发表过一份调查报告，其结论显示：一个人一生中所赚的钱有12.5%来自自身掌握的知识，有87.5%来自自己拥有

的人脉。

所以，如何利用好“人脉杠杆”也是人生的重大课题。

时间杠杆

“二八法则”对于我们来说，肯定不会陌生，它也是被公认的时间管理法则。19 世纪末，意大利经济学家维弗雷多·帕累托首次提出了这个法则。起初，“二八法则”应用于经济学、管理学领域，后来成为公认的时间管理法则。

如果我们想要高效地管理和利用时间，就要学会运用“二八法则”——只要 20% 的时间投入就能产生 80% 的效率。相反，使用最低效的时间，80% 的时间投入只能产生 20% 效率。简单来说，我们应该把一天中头脑最清醒的高效时间，用在最重要的事情上面；在学习、工作之余的大量时间则可以做一些相对轻松的事情。

对于每个人来说，20% 的高效时间都是不同的，有的人是在早上，有的人在下午或晚上，此外还要看每个人的心态、血糖水平、精力状态等因素。虽然从统计学上来看，精确的 80% 和 20% 不太可能出现，不过这个定律仍然能够帮助我们高效地利用“时间杠杆”来管理时间。

资金杠杆

资金杠杆又被称为“负债比”，即负债比越高，杠杆效果也就越大。不过资金杠杆的乘数效果却是双向的——如果公司运用借贷的资金获利低于预期时，则会发生亏损，严重的还有可能导致运营中断，使股东投资化为乌有；相反，如果公司运用借贷的资金获利高于预期时，股东的报酬将加成。

事实上，资金也可以规模化放大，比如一年投资 100 万元，从中获利 50 万元，这并不是不可能的事情。当今社会，金钱并不是最稀缺的资源，如果你想融资 100 万元，也不会太难，关键在于你要拥有一个属于自己的完整的业务模型，然后寻找投资人，为你的事业加速！

最后说一说杠杆思维的核心——整合资源和资源最大化利用。

所谓整合资源，就是寻找合作，并且获得共赢。简单来说，就是合作双方能够给对方提供什么资源，只有先具备一定的市场交换价值，才有合作的资本。

所谓资源最大化利用，就是我们不仅要充分了解自己的优势和资源，而且要善于利用自己的优势和资源。尤其是自己在核心杠杆点上的资源，通过运作和无限放大这些资源，能够让自己赢得成倍的利润。

关注净值，而非工作收入：净值思维

思维导读：

你只看到工资，那你赚到的就只有工资；你看到净值，却能从多个方面提升自己的财富总和——至少你学会了存款，学会了投资，学会了开源节流。

会计思维中特别重要的一个思维模式就是“净值思维”。

什么是净值呢？就是资产的真正有用性，大概率可以被收回或者使用的部分。所以，净值是指你所拥有的全部东西的价值，比如自己拥有的现金、股票、债券、不动产，还有自己事业的价值，自有房屋的现值，然后扣除债务，剩余的就是净值。

显然，工作收入只是净值的一部分。如果还不能理解净值概念，那我们可以简单地将“净值”分为四个部分：收入、存款、投资和节流，前面三部分都好理解，至于“节流”，也就是开源节流里面的节流，降低不必要的开支。

现在知道工作收入和净值的关系了吗？净值和工作收入之间是包含与被包含的关系，净值包括了收入，这里面又有工作收入，还有其他收入，然后还有存款、投资和节流。净值是由收入、存款、投资和节流四个部分构成的。那工作收入只是净值当中的一个板块。

所以，我们应该把目光放在净值上面，而不是工作收入上。如果你只把目光放在工作上，那么可能永远都无法实现经济自由，因为美国“石油大王”洛克菲勒说过：“整天工作的人，没有时间来挣钱。”

你只看到工资，那你赚到的就只有工资；你看到净值，却能从多个方面提升自己的财富总和——至少你学会了存款，学会了投资，学会了开源节流。

《财富自由之路》的作者博多·费舍尔曾说："每个人获得的东西恰好是他值得获得的东西。虽然我总听到有人抱怨：'我的价值远比我现在获得的多得多'，但这是错误的。正确的说法应该是：如果你'值得'更多，那么你早该获得了。"

这句话听起来比较"冷酷"，也很难以让人接受，但却是一条非常客观的经济原理：一个人的收入恰好体现他在经济市场中创造的价值，只不过大多数人不愿意接受和承认罢了。

"净值思维"可以帮助我们反思自己与财富之间的关系与价值逻辑，引导我们关注净值，而非工作收入。收入、存款、投资不必多说，这里重点说一下"节流"，也就是合理开支。

很多人不理性地消费，时常让自己陷入经济危机之中。为什么有的人花起钱来大手大脚的，一点也不心疼；有的人对钱却很小心谨慎地使用，生怕花多了一分？

这是因为我们除了银行账户之外，还有一个存在于大脑中的"心理账户"，这一概念是芝加哥大学著名经济学家理查德·塞勒提出来的。

什么是心理账户？就是人在内心建立的一种金钱分类系统，人们会将客观现实中的支出或者收益划分到不同的账户中去。

简单来说，我们会将自己的工资划分到辛辛苦苦努力付出而来的"勤劳致富"账户中，把业绩超额奖及年终奖放在"奖励"账户中，而把抽奖得到的钱放在"天上掉下的馅饼"账户中。这些钱在不同的账户中，人们花起来的态度也完全不一样。

为了帮助我们更好地进行理财，也更加理性地进行消费，我们必须知道心理账户的存在，并且要努力培养换位思考的能力，比如在花费"奖励"账户上的金钱时，我们可以换一个角度去思考：如果这些钱是我们辛辛苦苦努力工作赚来的，而不是公司给的奖金或者中彩票的钱，那么我们还会如此大手大脚地花钱吗？

换个角度思考，能够有效改善对心理账户的认识，让我们更加理性地消费。

收入和成本都需要配比：配比思维

思维导读：

当我们在进行商品交易时，每卖出一件产品，收入和成本都需要配比；当我们在核算收支时，每花出去一块钱，都需要分项目、分部门进行归纳整理；当我们在进行绩效评比时，每一个点的收益，都必须标明是谁的贡献……

我们知道，会计最重要的一个职能就是做好核算。这是一份并不轻松的差事，必须用到许多种核算方法和原则，其中“配比思维”运用最为广泛。

当我们在进行商品交易时，每卖出一件产品，收入和成本都需要配比；当我们在核算收支时，每花出去一块钱，都需要分项目、分部门进行归纳整理；当我们在进行绩效评比时，每一个点的收益，都必须标明是谁的贡献……如此分毫不差，谁使用谁负责，谁付出谁收获，记录分明，好坏周知，这便是“配比思维”，一种公正清明、有条有理的思维模式。

“配比思维”主要有三方面的重点：

第一，支出范围的配比。

企业每天的各种支出，都应该根据其性质、用途与相应的资金来源进行匹配，并得到补偿，支出与收入相比较，然后确定经营的成果。举例来说，就是与产品销售有关的费用，应从产品销售收入中得到补偿；与产品生产和销售无关的营业外支出、专项工程支出等，应分别从利润及各种专用基金中得到补偿。

第二，支出时间的配比。

一定会计期间所发生的费用支出，如果应该归属于当期产品的成本，则应计入当期的生产、销售成本之中；如果是不应归属于当期产品的费用支出，则即使已经发生或支付，也不能计入当期成本；有些费用，即使还没有发生或支付，但应当计入当期产品成本，也应由本期成本负担。

第三，支出对象的匹配。

产品的成本耗费也必须和产品的收入匹配。举例来说，某超市卖矿泉水和饮料两种产品，那我们购买矿泉水的进货成本就不能和饮料的互相混合，否则，就不符合配比的原则。

“配比思维”在日常生活中也经常会用到，比如我们对某项存货提取了存货跌价准备，在结转该存货的销售成本时，就要按对应比例匹配结转相应的跌价准备；或者我们部分处置了其他债权投资时，也要按处置的比例匹配结转相对应的计入其他综合收益中的相应金额。

当“配比思维”像种子一样深植于我们的思维之中时，就能够帮助我们更轻易地理解某些艰涩难懂的会计知识。如果有一个新的会计准则（包括税法新规）颁布执行，“配比思维”也能够帮助我们快速消化，并且将其运用到实现生活中去。

有风险才有回报：风险思维

思维导读：

很多事情在没有真正完成之前，都是具有风险性的，有时甚至会一波未平一波又起，或者看起来平淡无常，实则暗藏危机。商场上是如此，人生中更是如此！

犹太经典《塔木德》中有这样一句话："当机会来临时，不敢冒险的人永远是平庸之辈。"

犹太人很会经商，也很会赚钱，作为一个仅占全世界人口总数0.2%的民族，却拥有全世界总财富的2%～3%，这确实是一件很神奇的事情。

在犹太人看来，财富永远和风险结伴而行，他们认为商战的法则就是风险越大，赚钱越多；财富是风险的尾巴；跟着风险走，就会发现财富。的确，犹太商人不仅擅长做生意，还擅长"管理风险"。他们生存本身也需要很强的"风险管理"意识。每当"山雨欲来风满楼"时，他们都能准确把握"山雨"的来势和大小。这种"预测风险"的技巧一旦形成，只要用到生意场上，就能够做到游刃有余。

很多时候，犹太商人正是靠准确地把握这种"风险"之机而得以发迹。

公元16世纪前后，摩根家族的祖先从英国迁移到美洲来，到约瑟夫·摩根这代的时候，他卖掉了在马萨诸塞州的农场，到哈特福定居下来。

约瑟夫最初以经营一家小咖啡店为生，同时还卖些旅行用的篮子。这样苦心经营了一些时日，逐渐赚了些钱，就盖了一座很气派的大旅馆，还买了运河的股票，成为汽船业和地方铁路的股东。

1835年，约瑟夫投资参加了一家叫作"伊特纳火灾"的小型保险公司。

所谓投资，也不要现金，出资者的信用就是一种资本，只要在股东名册上签上姓名即可。投资者在期票上署名后，就能收取投保者交纳的手续费。只要不发生火灾，这无本生意就稳赚。然而不久，纽约发生了一场大火灾。投资者聚集在约瑟夫的旅馆里，一个个面色苍白，急得像热锅上的蚂蚁。很显然，不少投资者没有经历过这样的事件。他们惊慌失措，愿意自动放弃自己的股份。

约瑟夫便把他们的股份统统买下。他说："为了付清保险费用。我愿意把这旅馆卖了，不过得有个条件，以后必须大幅度提高手续费。"

这是一场赌博，成败与否，全在此一举。另有一位朋友也想和约瑟夫一起冒这个险。于是，两人凑了 10 万美元，派代理人去纽约处理赔偿事项，结果，代理人从纽约回来的时候带回了大笔的现款。这些现款是新投保的客户的，他们出了比原先高一倍的手续费。与此同时，"信用可靠的伊特纳火灾保险"已经在纽约名声大振。这次火灾后，约瑟夫净赚了 15 万美元。

这个故事一直在犹太商人中流传，它告诉我们一个道理：如果能够把握好时机，我们往往能够将危机转化为赚大钱的机会。冒险是上帝对勇士的最高嘉奖。不敢冒险的人就没有福气接受上帝恩赐给人的财富，而犹太人是天生的冒险家。

现实中无数的案例已经告诉我们，风险总是与机遇、利益如影随形。如果我们不愿意承担风险，没有一点"风险思维"，又如何从风险中发现难得的机遇呢？

心理学家做过这样一个调查，请普通民众评估自己家发生氡气辐射的风险有多大？最后得到的回答都是风险较低或者一般，几乎没有人说风险高。心理学家追问他们为什么，他们总能够找到一个合适的理由，给自己带来自信心。

有的民众认为自己的房子很新，所以风险较低；有的人却认为自己的房子过旧；有的人认为自己的房子在山坡上；有的人则认为自己的房子不在山坡上。

总之，不论有什么风险可能发生，我们总是乐观地想"这绝对不会发生在我们身上"，这就是心理弱点对评估风险的影响。

事实上，很多事情在没有真正完成之前，都是具有风险性的，有时甚至会一波未平一波又起，或者看起来平淡无常，实则暗藏危机。商场上是如此，人生中更是如此！

但是，只要我们能够像犹太商人那样，具备一定的“风险意识”，不害怕损失和错误，就能够在那些难以捉摸的风险背后，发现巨大的人生财富。

现金流比利润更重要：现金流思维

思维导读：

很多公司原本可以存活下来，最后却因为现金流问题而倒闭了。这些公司就像战场上失血过多的战士一样，最终因为缺少现金流而走向死亡。

中国有一句俗话："有什么别有病，没什么别没钱！"

金钱的重要性对于这个世界来说是不言而喻的。在经济社会，有资本可以换资产，可有资产却不一定可以换资本。现代商业社会最普遍的现象就是：当你着急出售资产的时候，偏偏资本家都不愿意出钱！所以，我们应该尽早建立"现金流思维"，毕竟现金流比利润重要。

战场上，两支军队浴血奋战，很多士兵都倒在了血泊里，他们是怎么死的呢？大多数士兵都是因为失血过多，最终休克而亡的。如果能够及早给士兵输血，那么他们就不那么容易死掉了。因为对于人体来说，只要失血过多，哪怕其他器官再正常，也会导致死亡。同样的道理，公司的现金也像人体的血液一样，如果公司的资金出现问题，最终也只能倒闭。

会计中最容易被人们忽视又最需要特别重视的是现金流思维。

所谓"月有阴晴圆缺尚可预估，人有旦夕祸福实难预测"。很多公司走向破产的最根本原因，并不是因为资不抵债，而是因为资金链断裂。所以会计工作中，特别注重资产的变现能力以及负债的偿还时间。现金流思维对于公司来说有多重要呢？我们来看看下面这个故事：

一位游客来到美国西部的一个偏僻村庄。村庄里只有一家旅馆，住一晚要 100 美元。

旅客走进旅馆，将100美元交给店主，自己挑了一间房，准备去看看房间里的设施如何。

店主拿着100美元，兴冲冲地来到屠夫家，将这个月的肉钱还了；屠夫拿着100美元，来到农夫家，还了买猪的钱；农夫拿这100美元，来到饲料商店，还清了买饲料的钱；饲料店老板拿着100美元，还清了赌债；赌徒拿着100美元，来到旅馆，还清了住旅馆的钱……

旅馆店主发现100美元又回到了自己手中，开心不已。

这时，游客看完房间出来，觉得不满意，要求旅馆店主退钱。虽然店主把100美元退给了游客，游客也带着100美元离开了村庄。但是因为有这100美元的现金流，村庄里的债务都还清了。这便是现金流给经济社会带来的活力与勃勃生机！

其实，很多公司原本可以存活下来，最后却因为现金流问题而倒闭了。这些公司就像战场上失血过多的战士一样，最终因为缺少现金流而走向死亡。美国银行（U. S. Bank）曾经进行过一次调查研究，结果表明：有82%的公司经营失败可以归因于现金管理不当。如果你不想重蹈覆辙，请牢牢记住一点：现金流永远比利润更重要。

第十章
算法思维：像程序员一样思考

准确理解问题

思维导读：

爱因斯坦说："当别人跟我提一个问题的时候，我会用90%的时间思考他在问什么以及为什么问，只有剩下5分钟时间来告诉他答案。"

很多时候，我们对于某件事情做得不够到位，通常是我们对这件事情的理解不够到位，也不够精准。比如别人问我们某个问题时，我们是否能够确切地理解这个问题呢？

工作中，我们也经常会遇到这样的尴尬情况——老板给我们下达了一个棘手的任务，我们辛苦好几天终于把解决文案做了出来，老板看了却十分不满意。这种情况我们就应该思考一下：是自己的文案做得不好，还是自己没有准确地理解老板的意思。有时老板或者委托方在传达某个问题时，可能并不是特别清楚，我们甚至没有完全理解这个问题，便点头哈腰，自以为解决起来轻松快捷，最后却和老板期望的结果相差甚远。如何解决这种问题呢？当然是准确地理解老板提出的问题，否则就要硬着头皮去老板那里再确认一次了。

我们应该如何准确地理解某个问题呢？可以从以下3个方面入手：

第一，必须明确找出对方最关心的问题点在哪里。

我们还是以工作任务为例：当老板下达了工作任务之后，我们可以再确认一下，老板最关心的问题点在哪里。我们可以问老板："刚才我看了一下您给我的工作标准，好像在不到一年的时间里，销售部门的员工流失率就超过了50%，这个数字有点吓人，对于公司的影响也特别大，我想再确认一下，您是想让我解决这个问题吗？"如果我们的理解没错，老板肯定会点头确认；

如果错了，老板则会强调自己的问题点在哪里。

第二，我们将要解决问题的最终目标是什么。

现在我们知道老板最关心的问题点是50%的销售人员流失率，那么老板希望我们给出的解决文案是将流失率降到45%，还是10%呢？不同的目标所需要的解决文案肯定也不一样。如果我们想要更主动一点，可以给老板提出建设性的目标，比如说："老板，我调查了整个行业的数据，对于创业公司来说，某个部门的人员流失率通常在30%左右，我们公司的流失确实有点偏高，但离正常标准不大。我再研究一下，想办法将销售员工的流失率降到30%的正常水平，您觉得如何？"如果老板采纳了我们的建议，我们就明确了问题的目标是什么。

第三，要知道解决这个问题需要哪些资源。

当我们和老板的意见达成一致时，还需要明确解决这个问题需要哪些资源，比如要解决销售部门员工流失率较高的问题，我们就需要人力资源、行政等部门的配合，需要调查员工的薪资数据、辞职记录等，这些需要用到的资源，都可以向老板提出申请。

通过以上3个方面的思考，我们对于问题的理解就会变得很透彻了。首先，你要知道老板关心的问题点在哪里，知道解决问题的最终目标是什么，也知道解决这个问题需要哪些资源。但凡到了这一步，要提出解决这个问题的文案，其实已经很简单了。

如果你觉得仍有疑问，那么就让自己换位思考，站在老板或委托者的立场上去看待问题，或许更能准确地理解问题。这里你应该知道，每个人的提问方式都不一样，但也有一定的规律可循。畅销书作家尼尔·布朗和斯图尔特·基利在《学会提问》一书中给我们总结了一套简单易学的提问方法——5W1H与3V组合提问法，适合每一个人学习和借鉴：

5W1H是指：

——Who 谁？

——When 什么时候？

——Where 在哪里？

——What 做什么？

——Why 为什么？

——How 怎样？

3V 是指：

——Vision（愿景）。就是一个人希望达到的状态、真正渴望得到的东西。

——Value（价值）。就是一个人在判断事物时所重视的价值观。

——Vocabulary（常用语）。就是一个人在平时的对话中的常用词语。

通过 5W1H 与 3V 组合提问法去理解问题，能够帮助我们更好地剖析事物，抛弃复杂的表象，更接近问题的本质。5W1H 与 3V 组合提问法看起来就像程序员大脑中的代码一样，能够帮助我们更好地拆解问题和理解问题，还能够帮助我们进行自我挖掘，进入深度思考。

爱因斯坦说："当别人跟我提一个问题的时候，我会用 90% 的时间思考他在问什么以及为什么问，只有剩下 5 分钟时间来告诉他答案。"

所以，在我们着手解决问题之前，应该准确地理解问题，这样才不会让最后的答案跑偏。

有一个框架：框架思维

思维导读：

如果我们的大脑中有一个框架，那么在思考问题、语言表达、行动计划等方面，就会富有逻辑性和条件性。

你是不是也遇到过以下几种尴尬的瞬间：

当你终于有机会站在演讲台上时，提前准备好的演讲内容却凭空消失，于是你说话变得毫无头绪，自己都不知道自己在说些什么……

当你准备写年终报告时，思路却异常凌乱，大大小小的事情都想了一遍，却不知道要从哪些写起……

当你绞尽脑汁、费尽唇舌，终于和客户有面谈的机会时，你却语无伦次，说了半天也没有签下一单合同……

如果你也有过类似上面这样的尴尬经历，说明你的大脑中缺少一个完整的思维框架，说明你需要像程序员一样，在大脑中建立“框架思维”。

什么是框架思维呢？

简单来说就是我们处理信息的认知结构，运用什么样的框架处理信息，会影响我们对信息的处理结果，从而影响对事物价值的判断、态度及行为反应，被称为框架效果。如果我们的大脑中有一个框架，那么在思考问题、语言表达、行动计划等方面，就会富有逻辑性和条件性。

框架思维有多么重要呢？

特斯拉汽车的 CEO 马斯克在 TED 演讲上说：“我在想有一种好的思维框架，将事情缩减至其根本本质，并从那里开始向上推理。我的一生都在进行类推推理。”

马斯克有多厉害呢？他不仅入主了特斯拉汽车品牌，还连续创立了 Paypal（互联网）、SpaceX（太空发射）、SolarCity（太阳能）等多个品牌，并且在其他多个领域还有不俗的成就。TED 的主持人问他是如何做到这一切的，他的回答便是自己拥有一个较好的框架思维。

我们身边一些优秀的人、一些有自己方法论的人，往往都是善于运用框架思维的人。

著名博主及专栏作家万维钢曾说："新闻媒体采写新闻是有框架的。比如有一个标准叫交叉验证，你不能光听一面之词，你得从多个侧面来了解事实，重要消息要求至少有两个独立信息来源才行。"

巴菲特最重要的投资伙伴查理·芒格曾说："你想要变聪明，你要不断地问，为什么？为什么？为什么？而且你必须将答案链接到深奥得到理论框架。在阅读中，建立自己的'思维模式格栅'，将不同学科的思考模式联系起来并融会贯通，同时将这些理论应用到投资上去，进行正确思考和独立思考，从而取得最佳的投资回报。"

吴军老师在讲到专业画家和一般人画画的时候，也提到了框架思维的应用："一般人画画通常就直接画了，比如要画水里的两条金鱼就直接从某一个部分开始，从外形画起来了。这种画法的结果经常是，画到后来比例不对，而且常常画得不像……

"专业画家不是这么画的，他们会把金鱼分解成几个简单的几何图形，比如头是一个大圆和两个小圆（即两个眼睛），身子是一个椭圆，鳍和尾巴是几个三角形。

"如果是几条金鱼，他会先把位置安排好，为了画面美观，主要景物的布置可能要符合一些几何图形的形状。这些都用淡淡的铅笔或者淡墨勾好了，才把圆、椭圆和三角形经过平滑过渡，画成金鱼。不掌握这种绘画方法，永远走不进专业的大门。"

框架思维如此重要，我们应该如何在大脑中建立自己的框架思维呢？

首先，在日常生活和工作中，要养成多读书、多思考、多学习的好习惯，将自己学习到的东西融会贯通起来，让它们在大脑中形成最初的框架，然后不断积累，让思维框架逐渐完整。

其次，经常验证自己的思维框架是否完整，逻辑性是否有问题，这需要我们在不同的场合对不同的事物进行反复验证，只有这样才能判断它是否有效。

最后，还要学会不断修正，因为任何一种思维框架的建立，都是螺旋式递进的，是一种“建立—检验—修正—重新建立”的过程。所以，想要建立起一个完备的思维框架并不是一件容易的事情，这需要长时间的积累、不断的验证以及不断修正。

值得一提的是，在建立思维框架的过程中，我们将受益匪浅。

制订一个优秀的计划

思维导读：

计划就像一座桥，联结着我们所在的位置以及我们想去的地方，联结着最终目标与行动步骤。如果没有计划，实现目标将变成一句空话，行动也会被无限拖延。

在程序员的大脑中，大多数事物都有明确的框架，同时，对于自己将要做的事情，也有清晰的计划。通过缜密的逻辑思维，他们还能保证计划的合理性以及可行性。

计划是什么呢？计划就像一座桥，联结着我们所在的位置以及我们想去的地方，联结着最终目标与行动步骤。如果没有计划，实现目标将变成一句空话，行动也会被无限拖延，甚至有人曾说，没有计划的人生是杂乱无章的，哪怕付出再多努力也只是瞎忙而已。

那么，我们应该如何制订出一个优秀的计划呢？

第一步：制定目标

根据美国心理学家洛克的“目标设置理论”：目标的设置最好是具体明确的。比如“这个月我要提高业绩”，就没有“我要在 1 周内搞定 5 个客户”具体明确。

有的人制订的计划有些模糊和空泛，在执行的过程中就无法抓住准确的目标和时间点，从而无法集中自己的专注力去完成这些计划。时间在这些模糊空泛的计划缝隙中悄然流失，让人毫无察觉，最后的结果往往是计划没有完成，时间也白白浪费掉了。

另外，要分清短期目标、中期目标和长期目标。

不同的目标所起到的作用是不同的，如果你想要在短期内达到长期目标，那定然是不现实的。任何一个长期目标的实现必然是无数个中期目标堆积起来的，而每一个中期目标的实现又是无数个短期目标积累起来的，只有实现了无数个短期目标，才会实现长远的目标。每天进步一点点，时间一长，就会成为巨大的进步。

第二步：列出实现目标的具体步骤

如果目标是终点，那么具体实施的步骤就是“路线图”，为了达到那个目标需要经过哪些地方，需要做什么事情。比如确定的目标是“业绩拿公司第一名”，为了实现这个目标需要搞定多少客户、需要签订多少份合同等。

第三步：给每一个步骤打上“时间戳”

目标再远大，实施的步骤再完美，也只是一张“空头支票”，只有给计划中的每一个步骤设置完成时限，才能让计划变得有价值，才能体现时间的意义。有了具体的完成时限，才能明确地知道自己完成某一个步骤，需要花费多少时间。

第四步：执行计划

美国保险业之父格莱恩·布兰德在自己的著作《一生的计划》中写道：“目标和计划是通向快乐与成功的魔法钥匙！有了明确的学习目标和计划，并把它们写下来付诸行动的人，他们将来的成就，是有目标和计划但仅停留在脑子里或纸上的人的10至50倍。”

一个再完美的计划，如果只是坐而论道，光说不练，产生不了任何效果。如果不想让自己成为“理论上的巨人，行动上的矮子”，就应该立即行动起来，稳扎稳打，按计划执行每一项任务、完成每一个步骤，从而做好时间管理。

第五步：适当修正

计划开始执行之后，也不是完全不可以改变，非要按部就班执行的。而是应该顺应现实，根据环境的变化以及自身的发展特点，在执行过程中不断进行修正，从而让自己获得更好的发展。同时，在执行过程中，我们还应该学会“自查”。了解现实与目标的差距，及时调整方向，这样才能轻松应付未来可能发生的任何状况。

美国现代成人教育之父戴尔·卡耐基曾经说过：“做一件事，说一句话，无论事情的大小，说话的多少，你都得自己先有了计划，先问问自己做这件事，说这句话，有没有意义。你能这样做，就是奋斗基础的开始奠定。”对于每个人来说，计划就像“行动指南”一样，无论做什么事情，都必须先有计划——哪怕只是头脑中简单的构思，然后才能付诸实际行动。

没有计划的人，在现实生活中就像“无头苍蝇”一样，不知道在什么时间点做什么事情；工作总是拖延，给自己设定的目标总是无法完成；行动没有方向感，人生也没有规划……想要改变这样杂乱无章的人生，就必须给自己制订一个优秀的计划！

约·罗斯金有一句名言：“上帝绝不会只赋予你使命，而不给你时间去完成。”当你有了自己的计划后，就要坚持执行，一步一个脚印，总有一天会实现自己的最终目标。

将大问题分解为小问题

思维导读：

如果我们面对的问题较大、较多，甚至让我们感到无从下手，脑海中有千思万绪，自身的能力却不足以解决一些重大的难题时，就要学会运用“分解思维”，将大化小、将难化易。

有人曾在微博上发文称：“这个世界上没有程序员解决不了的问题，因为他们懂得利用分解思维，将大问题分解为小问题，然后逐一解决。”程序员不见得有这么厉害，但分解思维确实能够帮助我们解决生活中、工作中出现的绝大多数问题。

如果我们面对的问题较大、较多，甚至让我们感到无从下手，脑海中有千思万绪，自身的能力却不足以解决一些重大的难题时，就要学会运用“分解思维”，将大化小、将难化易。

什么是分解思维呢？简单来说，分解思维就是一种“化大为小”“化整为零”的思维方法，它需要将大的问题分解成小的问题，然后逐一攻破。从表面上来看，分解思维有所牺牲，事实却保全了实质。假如我们遇到较大或较多的问题，由于困难重重几乎很难做好，这时候不妨利用分解思维，将较大或较多的问题化整为零，这样反而更能够解决问题。

很多人小时候都观察过“蚂蚁搬家”。小蚂蚁在“搬家”过程中，遇到了一个巨大的难题——自己身形微小，而“家当”又十分巨大，要如何解决这个问题呢？聪明的小蚂蚁也知道运用分解思维来解决这个难题，只见它们聚集在一起，将家里的东西一点点搬走。这是一个将所有“家当”分解的过程，从中也能看到“分解思维”的体现。

我们上小学的时候就学过“曹冲称象”的故事，小曹冲如此聪明，是因为他运用了分解思维来解决“称象”的问题。那么，他是如何一步步分解这个难题的呢?

现在，我们来分析一下：

首先，曹冲利用换元思维，也就是替代思维，找到大象的替代物，因为大象不能分解，可是石头可以，于是用同样重量的石头来和大象进行替换。

然后，打破观念的界限，也就是突破思维定式，不被传统意义上的“称”所束缚，并且利用发散思维，将普通的秤转换成船，再通过水的浮力“称”出大象的重量。

最后，运用分解思维将石头的重量分别称出，再将重量相加，便算出了大象的重量。

当我们面对“巨大问题”，而又不知道如何决策时，就可以运用这样的分解思维，将大问题分解为小问题，再逐一去解决。

实现目标也是这样。

在这个容易获得机遇的时代，没有目标的人是注定不能成功的，可是目标过于远大，又会让人望而却步，感到非常疲惫，甚至在认为成功遥遥无期的时候选择放弃。

面对这样的窘境，你必须要明白：所有大目标都是由无数小目标积累而来的，就像1万块钱是由无数个1块钱积累起来的一样。你要学会将那些难以实现的大目标分解，设立一天的目标、一个星期的目标、一个月的目标、一年的目标……最后再确定自己的终极目标。

这样一来，再难实现的目标，也会有实现的那一天。而且当你实现了一个小目标之后，会拥有极大的信心去实现下一个目标。一个人有了自信心，自然就有了前进的动力。

心理学研究表明，当人们的目标过于远大时，通常就会产生拖延懈怠行为。因为过于远大的目标会在他们心里形成一种“遥遥无期”的感觉，这样就会直接影响到他们的行动效率。在面对这样的困境时，最好的解决办法就是学会化整为零分割你的长远目标。

哈佛心理学硕士泰勒·本-沙哈尔说过：“人们总是希望在短时间内做更多的事情，却不知道数量也会影响质量；人们也喜欢将简单的事物复杂化，让自己困于自己所设置的障碍中，从而矛盾彷徨。其实，人应该尽量将生活简单化，从事少而精的活动，这样才更能获得成功。”

在选择问题上，很多人也想得过于复杂，总是希望自己的决定能够面面俱到，每一个细枝末节都不能出现差错。这种复杂化的心理就像选择过程中的曲线一样，会让我们走许多弯路，甚至让我们越来越偏离自己的预期目标。只有最简单化的决定，才能让我们更快达到自己的预期目标，因为它就像选择直线一样，是到达目标最短的距离。

所以，你不必畏惧，更不必倦怠，学会将大目标分解，脚踏实地最终就会成功。

像算法一样决策：算法思维

思维导读：

畅销书作家肖恩·埃利斯在《增长黑客》一书中写道："删繁就简地将企业运营浓缩为一个基本公式可以为增长团队提供极大的帮助，使他们在杂乱的数据海洋中找准方向。"

程序员不仅对一大段一大段的神秘代码情有独钟，对于数字也有特别的"感情"，比如他们写代码时使用的是二进制，而不是十进制；比如一个字节最多能表示的数值是256，程序员编写程序时永远离不开它；再比如俄罗斯的法定程序员日也是每年的第256天……

在数字化时代，数字化的世界，我们的生活、工作、娱乐、购物、决策等，都离不开一个又一个的数字，尤其是在企业运营过程中，每一个数字的上涨或下滑，都代表着企业正蓬勃发展抑或出现了危机，并且"算法思维"在现代企业中的应用已经十分广泛了。

阿里巴巴集团前执行副总裁卫哲受邀参加"混沌大学"的分享会时曾说："阿里之所以有今天，很重要的一点在于他们所制定的'效率指标'，而马云虽然数字（学）不好，但对数字的感觉很好，早期的几个重要效率指标都是马云亲自制定的。"

在阿里成立之初，马云就对早期中供铁军（阿里的第一支地面销售队伍）的管理人员提出了一个"核心算法"，那就是公司对于团队没有人头数量的限制，但是每增加一个人，一年必须提高100万元的营业收入。这是一种怎样的算法思维呢？

当年阿里中国供应商业务的净利润率在20%～25%之间，如果按照马云的“核心算法”进行指标考核，团队每增加一个人，公司账面上对应的是至少新增20万元，其计算公式为：100万元的营收×20%的净利润率=20万元的净利润。

这个“核心算法”后来还延续到了淘宝，成为马云管理阿里集团的秘诀之一。

为什么众多经济学家都将“算法思维”定义为高效工作的底层逻辑呢？

畅销书作家肖恩·埃利斯在《增长黑客》一书中写道：“删繁就简地将企业运营浓缩为一个基本公式可以为增长团队提供极大的帮助，使他们在杂乱的数据海洋中找准方向。”

比如亚马逊就将自己的收入增长浓缩为一目了然的基本公式：垂直扩张×每个垂直市场的产品库存×每个产品页的流量×购买转化率×平均购买价值×重复购买行为=收入增长。

这便是“算法思维”给公司管理带来的便捷。除此之外，“算法思维”还可以帮助我们以“公式化的方式”解决日常生活、工作、管理、决策等多方面会遇到的一些重要问题。

第一，“算法思维”可以帮助我们明确自己想要达到的结果。

肖恩·埃利斯在《增长黑客》一书中多次提到一个词，那就是“北极星指标”。什么是“北极星指标”呢？肖恩·埃利斯在书中的解释是“为了完善增长等式、缩小关注范围，最好能够选择一个关键的能够决定最终成败的指标，以此指导所有的增长活动”。简单来说，“北极星指标”就是每一个公式的结果，其特点是简单且可量化。

这个“北极星指标”不仅可以运用在公司管理、工作绩效方面，还可以运用到日常生活中。如果我们利用“算法思维”给自己的网购行为列出了公式，那么其结果所对应的“北极星指标”将让我们一目了然地知道这是否自己想要达到的结果。

第二，“算法思维”可以帮助我们找到实现结果的具体步骤。

任何一个公式的“设计过程”，其实都可以理解为“完成某个目标的步骤梳理”。我们需要列举出完成某个目标的重要步骤，然后以数学符号来标明它们之间的联系。

无论是马云的“核心算法”，还是亚马逊的“基本公式”，都是放眼于公司全局来看的，如果要细化到每一个业务或者每一个人身上，仍旧可以用“公式化的方式”进行梳理，并且简单明了地呈现出来。我们可以从公式中看到实现结果的具体步骤，从而提高结果的实现率。

第三，“算法思维”可以让愿景或口号变成可量化的标准。

每家公司都有自己的美好愿景和口号，“算法思维”可以将公司的愿景或口号变成可量化的标准，这样公司在绩效评估时就有了具体的参考依据——只要看数据就行了。

同样的方法还可以运用到个人的计划制订中，用具体的数字来评估计划的完成程度，会显得更加具体。

有“金融界乔布斯”之称的瑞·达利欧在《原则》一书中写道：“像算法一样决策的一个好处是，这可以让人们把注意力集中在因果关系上，并以此培养真正的创意择优。”

很显然，数字比文字更加简单、清楚，也更容易让我们理解和接受。所以，数字化时代离不开“算法思维”，企业劳动管理离不开，个人生活、工作、决策等方方面面也同样离不开。

小步快跑，快速迭代：迭代思维

思维导读：

当问题出现时，可以通过“迭代”来解决问题；如果没有问题，则通过“迭代”来优化产品的细节、风格等，让用户有全新的体验感。

著名财经作家吴晓波写过一本书叫《腾讯传》，他在书中总结了腾讯迈向成功的关键步骤，其中一个至关重要的点就是“快速迭代，小步快跑”。

后来，马化腾在一次合作交流会上发表过一封公开信，信中又提到了这种“迭代思维”。他说：“更新都不是完美的，但是如果坚持每天发现、修正一两个小问题，不到一年基本就把作品打磨出来了，自己也就很有产品感觉了……互联网产品想要不断发展，在上线之初需要不断获得用户，慢慢地势必需要在不断满足用户需求的基础上进行产品的持续更新迭代。”

“迭代”在汉语词典中的解释是“更新代替”，用现代化的语言来解释就是，从版本 1.01 升级到版本 1.02，这就是一次迭代。与传统的商业创新相比较，“迭代思维”的优势更加充分地体现在互联网企业的发展及创新中。

“迭代”的周期没有固定的标准，更多是随机的。当问题出现时，可以通过“迭代”来解决问题；如果没有问题，则通过“迭代”来优化产品的细节、风格等，让用户有全新的体验感。所以，“迭代”的作用是多元化的，既可以发现新的市场，又能获取用户的反馈。

早在 2012 年，美国硅谷著名的企业家埃里克·莱斯便在《精益创业》一书中提出了“小步快跑，快速迭代”的互联网时代创业法则。

埃里克·莱斯认为，互联网企业根本不用害怕被用户责骂，因为在多数情况下，你所担心的产品用户压根就不用，更谈不上责骂了！

互联网企业最应该做的就是以最小的成本，来确定用户是否能够接受并使用你所推出的产品。

这种“小步快跑，快速迭代”的试错精神并不少见，比如当年张朝阳回国创建搜狐的时候就曾说过：“大胆尝试，小心求证，让市场给我们答案。”这也是一种“迭代思维”。

事实上，传统的工业经济同样需要容错与试错的理念，不过在那个年代，试错的成本太高，一旦出现问题很难挽回局面，而现代网络社会，迭代的成本并不高，这也让互联网企业的容错率大大提升，试错也变得简单快速了。

那么，我们在运用“迭代思维”的时候，应该抓住哪些重点呢?

第一，在确定原型产品时，要遵行最小可行性原则。

埃里克·莱斯在《精益创业》中提出了“最小可行性产品”的概念：“功能极简，只能够体现核心创意，可以演示给客户，并且开发成本极低的产品版本。”

简单来说，就是确定“产品原型”。相比于功能完善的成熟产品，产品原型追求的是简单实用，能够快速被用户接受和认可。

比如腾讯刚成立的时候，国内市场急需一种服务，来满足用户之间的实时沟通，也就是网上聊天。腾讯抓住市场风口，迅速推出了 OICQ，即后来风靡中国的 QQ。尽管在发布之初，QQ 的界面和功能十分单一，还有诸多模仿的痕迹，不过也正是因为它的简单实用，很快便俘获了万千用户的心，在不到一年的时间里，腾讯便迅速崛起，用户达到了上千万。

第二，没有一步到位的成功，所以要学会“迈碎步”。

“迭代”的过程就是不断优化、重复反馈的过程。如果我们把创新和提升的过程比喻成“跑步”，那么最安全、最正确的方式就是“迈碎步”。如果想要稳定进行，就要小步快跑，这样不容易跌倒，还能及时调整前进的方向。

尽管现代社会大家都在拼效率，但一味地追求速度，只会急功近利、得不偿失。有的事情需要循序渐进，讲究厚积薄发。有了量变才会有质变，千万不可盲目地求“快”。

第三，“迭代”中要坚持，而不是故步自封。

不管我们处于哪个领域，拥有创新意识，往往都会受到更多的关注与重视，其发展潜力也是无限巨大的。这个时代本身就存在太多可能性，一个创新的想法甚至能够改变世界。

要知道，现代商业领域的风口极其短暂，留给参与者的机会也是稍纵即逝的，因此必须懂得抢占风口，在“迭代”中不断创新，不断提升，而不是故步自封，不懂得应时而变。

当一个人或者一个企业具备了“迭代思维”之后，才能在残酷的竞争中脱颖而出，因为在互联网商业大爆发时代，所有人都在提升自我，所有企业都在优化自己的产品和服务。如果我们稍有脱节，就会被创新的大军所淹没，被时代的洪流卷走。

不切实际的高标准：完美主义

思维导读：

完美主义是一把双刃剑，运用得当它将给你无穷的动力，运用不当它会将你推入深渊。过于追求完美是一种偏执型人格障碍，也是一种固执己见、不懂变通的心理缺陷。当然，这些特质则是需要我们摒弃的。

在心理学中，完美主义者指一种不断追求最高标准，追求完美的性格或主义的人，其往往伴随着自我否定和对他人评价的关注。

为什么有的人会出现顽固心理呢？

美国心理学家利昂·费斯汀格指出，人之所以会产生顽固心理，就是因为自身的认知出现了失调，当内心制定的“完美标准”与现实状况发生矛盾和冲突时，人们就会通过两种方式来让自己的认知达到平衡，要么给自己找出一个适当的理由继续维持平衡，要么就是接受现实。如果是第一种情况，就会出现所谓的认知失调，也就是在你作出并不完美的决定时，如果你不懂得通过调整自己内心的“完美标准”来适应现实，就会产生顽固心理。

此外，一个人固有的认知习惯也会影响他对事物的认知，当自己内心的“完美标准”与现实情境发生冲突时，拥有顽固心理的人绝不会调整自己的“完美标准”来顺应现实的需求。这也是一种自我防御机制——坚持自己的标准，避免出现认知失调的情况。

现实生活中，很多人都拥有顽固心理，他们总是抱着自己的“完美标准”，在严峻的现实面前不愿意作出半点让步，总是希望自己能够做得面面俱到，而当他们发现自己的不完美行为时，就会陷入深深的自责中，甚至出现厌食、沮丧、自杀等情况。

茱莉亚·卡梅隆曾写道：“完美主义其实是导致你止步不前的障碍。它是一个怪圈——一个强迫你在所写所画所做的细节里不能自拔，丧失全局观念又使人精疲力竭的封闭式系统。”

加拿大的心理学家戈登·弗莱特从20世纪90年代开始研究完美主义，他发现所有完美主义者身上都存在这样或者那样的心理问题，有的甚至可以称为心理疾病。为了更好地研究完美主义者，戈登将他们分成三种类型：

一是自我型。“自我型”完美主义者，通常会给自己设定一个较高的目标，然后通过自己的努力去实现。如果现实付出没有取得相应的回报，他们就会陷入自我批判，出现失落沮丧的情绪。这种类型的完美主义者，在生活中比较常见。

二是外因型。这类完美主义者通常会因为外界的某些原因，比如他人对自己的期望，或者自身所处的环境压力，而给自己设定较高的标准。这类型的人很少会接受新鲜的事物，因为害怕失败，害怕作出错误决定，更害怕给人留下愚蠢、不完美的印象。如果他人的要求不合理，他们也只会强忍住愤怒的情况，默默地进行自我调节。

三是外放型。这种类型的完美主义者，不仅会对自己提出严格的要求，还会将高标准的要求拓展到他人身上，对于他人也要求绝对的完美。这样的病态心理会给他人带来消极的影响，并且严重影响自己的人际关系。比如朋友之间的关系，甚至夫妻间的关系也有可能因为“外放型”完美主义而破裂。

现在我们可以对照思考一下：自己是完美主义者吗？自己身边是否有这样的完美主义者？如果有的话，他们又是属于哪一种完美主义者呢？

我们身边总不缺乏“完美主义者”，无论是对人还是对事，他们总是会提出严格的要求，或者极高的标准，总希望做到面面俱到，哪怕已经做得十分出色了，仍然不能让自己感到满意。这样的完美主义者让人又爱又恨，一方面他们过分追求完美，事事都想做得最好，可世界上哪有真正的完美呢？另一方面，他们确实很出色，无论做什么事情，都尽力做到完美。

其实，完美主义者身上也有很多值得我们学习的地方，比如给自己制定高标准、事事力求做到最好、会付出比常人更多的努力等。这些品质都是优秀的人才所具备的，所以我们可以假装自己是一个完美主义者，让自己的生活、工作和学习进入更加“完美”的状态。

推陈出新才能占据制高点：创新思维

思维导读：

一个人的创新思维源于丰富的知识与生活经验，而知识与经验的积累并不一定都来源于自己的亲身经历，一个人的时间与精力毕竟有限，不可能经历大千世界的太多事情，这时候积累就来源于书籍，只有多学习，才能提高自己的创新思维能力。

现代社会不断发展，所有的事物并不是静止不动的，而是时刻发生着变化。想要在这个充满机遇与风险的时代脱颖而出，就不能用陈旧的思想去理解和看待身边的一切，而应该学会打破自己的思维定式，运用创新思维去解决问题。

创新能力来源于天生优势以及后天的培养。有的人来到新的环境、面对新的问题，就会不知所措，最终导致失败。这些人可能从未想过给自己的大脑充电，不断注入新的知识与观念。那些思维单一而固化的人，最终也只会将生活变成“牢笼”。

在日常生活与工作中，很多看上去平淡无奇的细节，都隐藏着创新的意义。只要我们善于运用创新思维，就会发现很多问题的存在。

假如瓦特没有在意烧开水后壶盖的跳动现象，就不会发现蒸汽问题，更不会激发他的创新能力，更不可能发明蒸汽机；如果牛顿没有在意一个苹果落地，就不会发现万有引力的存在。由此可见，创新思维对于人的创造力有多大的影响。

一个人的创新思维源于丰富的知识与生活经验，而知识与经验的积累并不一定都来源于自己的亲身经历，一个人的时间与精力毕竟有限，不可能经历大千世界的太多事情，这时候积累就来源于书籍，只有多学习，才能提高自己的创新思维能力。

创新思维是大脑与思想的产物，所以要培养自己的创新能力，就必须培养自己的想象力与思维能力。在创新的过程中，肯定会遇到很多困难与阻挠，在关键的时候还要学会鼓励自己，勇敢地坚持自己的想法。

创新思维能够出现在生活的方方面面，比如你说的话别人没有说过，这叫创新；你做过的事没有其他人做过，这叫创新；你的想法之前从来没有人想到过，这也叫创新。当然，创新思维并不要求必须是全新的东西，如果能够赋予旧东西新的含义，也能叫创新。

在普通人看来，广告的方式就是“广而告之”，用各种方式做好宣传，比如平面广告色彩艳丽从而吸引更多眼球，广播广告一定要“语不惊人死不休”，电视广告尽量要用画面震撼人心。不过，美国纽约的一家银行开业，却做出了一个创意十足的广告。

为了以最快的速度打开市场，提高自己的知名度，那家银行决定在电台打广告。

如果是一般的银行开业，肯定会请知名人士代言推广，或者搞一个大回馈活动。这家银行却另辟蹊径，直接买断了纽约所有电台的黄金段 10 分钟，为美国民众提供了一段安静而特别的“沉默时间”。

当时，美国所有电台只说了同样的一句话：“亲爱的听众朋友，下面将要播放的是由本市国际银行向您提供的‘沉默时间’。”随后，纽约所有电台都在这一时间段里沉默不语了。

听众们感到很好奇，都在私下讨论，甚至连纽约的各大媒体都在争相报道此事。

这也让“沉默时间”变成了当时最热门的话题。当然，随着话题热度越来越高，这家银行的知名度也提高了，最后赢得了大量的客户与合作商。

这家银行的宣传手段推陈出新，获得了巨大的成功。简单的 10 分钟“沉默时间”，便引起了人们的热烈讨论，也让人们知道电台广播不一定非得“语出惊人”，只要具有创新性，同样能够得到大众的认可。只要我们能够打破固有的思维模式，学会从不同的角度思考问题，用全新的方法去解决问题，就能在生活的迷宫中走得更加畅通无阻。

如今，创新已经成为高素质人才必备的能力之一，也只有学会用创新的思维去看待和解决问题，才能让事物的发展走向更好的方向。我们应该如何培养自己的创新思维呢？

日本科学家菊池诚博士说过："我认为创新有两种方法，一是全新的发现，二是把人们已经知道其原理的事实进行组合。"

很多创造学研究者也认为，创新就是将人们认为不可能组合在一起的东西组合到一起。比如不同领域不同性能的东西也可以进行组合；两种事物可以进行组合；多种事物也可以进行组合。组合方式可以是简单的联合，也可以是结合或混合。只要是你能够想到的组合事物及组合方法，都可以大胆尝试一下。

此外，还可以通过联想法和类比法来提高自己的创新思维能力。

联想就是由一件事物联想到另一件事物的心理现象。这种心理现象不仅仅在人的心理活动中占据重要的地位，而且在回忆、推理、创造过程中也起着重要的作用。很多创新是从联想开始的。联想可以在特定的对象中进行，也可以在特定的空间中进行，还可以进行无限的自由联想。而且，这些联想都可以产生出新的创造性设想，获得创造性成功。

类比法就是确定两个以上事物并寻找它们之间同异关系的思维方法，也就是根据一定的标准尺度，把与此有联系的几个相关事物进行对比，对比的事物可以是同类的，也可以是不同类的，重点在于发现这些事物间的内在联系并且进行再创造。

总之，给大脑充电就是解放自己的思维，不断植入全新的思想观念。

失败了，尝试另一种

思维导读：

很少有人能够潇洒地告诉自己："失败是成功之母。"因为这是一句苦涩的安慰，更像是自我欺骗。大多数人在失败之后，便选择了放弃，很少会尝试另一种方法，走另一条道路！

失败是人生的常客，没有人能够不经历失败，一路高歌走向未来。人人都会经历失败的打击，区别在于每个人对于失败的态度——在固定型思维者看来，失败是不可逆转的局面；而在成长型思维者看来，失败却是可变化的，只要态度正确，就有反败为胜的机会。

什么是失败呢？失败就是预先设定的目标没有达成、在生活或学习中遭受打击、陷入各种困境中等。如果被失败的体验所定格，那么思维的圈层就难以突破。人生最可怕的事情，就是将自己定义为"失败者"，即使自己有能力获得成功，也会因为放弃挣扎而重复失败。

有的人之所以获得了成功，笑到了最后，是因为他们有一种永不言弃的精神。即使自己失败了，也永远都不放弃重来的机会，如此一步步靠近目标，一点点获得成长，最终厚积薄发，站在了人生的最顶峰。一个人只有屡败屡战，最终才能取得辉煌的成就。

在面对同样的困难、挫折与失败时，不同的人会有不同的选择。

我们也有过这样的经历：登山的难度不在于脚下开头的几千米，而在于即将登顶的几十米甚至几米；走出死亡沙漠的不一定是跑得最快的人，而是具有忍耐力，坚信自己能够活着走出去，并朝着一个方向坚定不移地走下去的那个人。

很少有人能够潇洒地告诉自己："失败是成功之母。"因为这是一句苦涩的安慰，更像是自我欺骗。大多数人在失败之后，便选择了放弃，很少会尝试另一种方法，走另一条道路！

意大利政治思想家和历史学家马基雅维利曾经说过："宁肯做了后悔，也不要后悔没做。"这句话也从某个侧面说明了敢于尝试的必要性。如果失败了，还可以尝试另一种方法，况且这个世界上没有永远的成功，也没有永远的失败。

然而，在很多人的认知里，失败却是一件很"可怕"的事情，因此他们从来不敢正视自己的失败，更不知道从失败的经历中吸取教训与经验，而只知道怨天尤人。

那些遭遇失败的人，总是迫不及待地想要翻过这一页，仿佛自己的错误有多么不可原谅似的。可是，成功与失败原本就是不可分割的，没有经历过失败就不可能成功，也没有哪一个成功可以跨越失败。

人们对于失败的恐惧，可以用心理上著名的"瓦伦达效应"来解释。

这个心理学效应来源于一个真实的故事：

美国有一位高空钢索表演者，他的名字叫瓦伦达。很遗憾的是，他在一次众人瞩目的表演中失足身亡了。事后他的妻子含泪说道："我知道这一次他肯定要出事，因为在他上场前就一直说'这次表演太重要了，一定不能失败，绝对不会失败……'而此前无论参与什么表演，他只是专心为其做好准备，而不去想其他事情，不会担心表演的成功或失败。"

后来，人们把这种专心做事，而不在意这件事的意义和结果，不患得患失的心态，称为"瓦伦达心态"，又把这种因害怕失败而导致失败的情况称为"瓦伦达效应"。

生活中受到"瓦伦达效应"影响的人并不少见，比如一位篮球运动员在比赛前提醒自己一定要进球，而他的大脑中往往会出现"没有进球"的情景，而这一情景会直接影响到他的发挥，从而让现实的情况向他害怕的方向发展——最终真的没有进球。

所以，害怕失败就是最大的失败。假如你在做某件事情之前不去考虑太多问题，不让功利心来困扰你，而是专心去做那件事情，那么成功的概率就会加大。

这个世界上没有永远的失败者，当你因为心理误差或者外界干扰而作出错误的决定时，不要以为它会影响你一生的方向，因为很多大的失败都是由一连串小的错误组成的，只要能够避免某一个环节上的小错误，就能避免影响全局的大错误。

这和中国的成语故事“亡羊补牢”十分相似，当羊圈出现窟窿，羊被狼叼走时，主人开始查找原因，修补漏洞，避免了之后的损失。如果主人没有发现窟窿，也没有进行及时的修补，那么整圈羊可能都会被狼叼走。

所以，当失败不可避免地出现之后，我们要做的不是自怨自艾、灰心气馁，而是立刻行动起来，弥补自己的错误，让失败的影响力逐渐缩小。

最后一定要记住，失败了，还可以尝试另一种方法，永远不要放弃重来一次的机会。